U0139800

한·중 고전 저작 상호 번역 출판사업
中韩经典著作互译项目

〔韩〕周永河 著

绘画中的朝鲜饮食史

新婚宴席

丁晨楠 叶梦怡 译

社会科学文献出版社
SOCIAL SCIENCES ACADEMIC PRESS (CHINA)

目 录

前　言

　　探究朝鲜时代饮食生活与饮食历史的研究方法有很多种。
首先让人联想到的是代表性文献《朝鲜王朝实录》，但翻开这
部卷帙浩繁的文献，出乎意料的是其中罕有与饮食相关的记
录。国王与大臣间的正式对话虽然提到了粮食问题与国家祭
祀的祭品种类，但不会提到国王的口味偏好与大臣们喜欢的食
物。比《朝鲜王朝实录》更为详细记录国王与大臣对话的《承
政院日记》也没有太大的不同。只不过国王的主治医生——医
官与国王就健康状况进行对话时，偶尔会提到口味偏好与受欢
迎食物的名字。

　　我们在阅读朝鲜时代饮食相关文献时，最需要注意的是内
容是否属实。《物名考》的作者柳僖（1773—1837）曾点明
当时士人写作的问题："大概多取其陈久糟粕，哎咀屡遍。"即
朝鲜时代的士人们重视古代文化、思想、制度，他们依据尚古

精神，认为理所应当的写作方式是先录下前代圣贤与前辈学者的文字，再注释以自己的想法。因此在学习朝鲜时代饮食的历史时，我们必须先考证文献中的内容是否符合当时的实际情况。

但是绘画资料与文献不同，它是最能真实描写饮食生活与饮食情况的史料。这就是我撰写《朝鲜饮食史》，选择绘画作为展现方法的原因。在朝鲜时代的绘画资料中，多名画家绘制的风俗画与像照片一样描绘王室、士大夫活动的记录画里，出现了很多与饮食生活、饮食相关的场景。据称是金弘道绘制的 25 幅《檀园风俗图帖》中也有不少与饮食相关的场景。但《檀园风俗图帖》的实际创作者与绘制时间等问题在美术史学界引发了较多争议，因此本书只谈论其中的 1 幅——《渔场》。像这样，我尽可能地只选用画家与绘制时间明确的 22 幅绘画资料，只有这样才能明确展现绘画资料的史料性质。

本书是以 2005 年 1 月出版的《绘画中的饮食，饮食中的历史》为底本，全新撰写的新版，当时的目录由"庶民""宫中""官吏""近代视线"这四章组成。《绘画中的饮食，饮食中的历史》出版后，我多次反思自己在学术上的不足，即我一直未能探究 500 余年的朝鲜时代的饮食生活与饮食变迁史，而本书就是反思的成果。我以这段时间的研究为基础，按时期重新编定了目录，以便在朝鲜饮食史的大趋势中探究各幅画作。

　　我曾在《朝鲜的美食家》一书中把朝鲜半岛的饮食史分为五个时期。第一个时期是高丽末年事元时期之前。由于佛教的传入，该时期统治阶层回避肉食的现象非常明显。第二个时期是事元期。此前衰落的肉食文化再次扩散，饺子与蒸馏酒等食品从外国传入。第三个时期是高丽末期传入并成为朝鲜王朝统治理念的性理学发挥巨大影响的时期。第二、第三个时期的饮食生活情形一直持续到本书第一部涉及的朝鲜初期，即 16 世纪至 17 世纪初期。但现存的只有描绘王室与士大夫活动的记录画，因而我无法介绍普通百姓的饮食生活。即便如此，读者们只要阅读第一部的前言部分，也能稍微打消好奇。

　　《朝鲜的美食家》中提到的第四个和第五个时期是受到 17 世纪正式开始的燕行使的清朝出使与美洲大陆、旧大陆之间形成的食材"哥伦布交换"（Columbian Exchange）影响较大的朝鲜后期。流传至今，使我们得以探究 17 世纪中期以后饮食生活的绘画资料非常多。因此，本书将第二部定为 17 世纪中期至 18 世纪晚期、第三部定为 19 世纪初期至中期、第四部定为 19 世纪后半期至 20 世纪初期。17 世纪中期至 18 世纪晚期是肃宗、景宗、英祖、正祖统治的时代。在这一时期，朝鲜虽然经历了连续的战争与大饥荒，但肃宗的稳定统治克服了危机，人们得以享受比之前更丰富的饮食生活。在 19 世纪初期至中期的势道政治下，以汉阳为中心形成的富裕阶层，饮食生活奢侈至极。19 世纪后半期至 20 世纪初期是朝鲜从锁国走向开放的时期，特别是与西方的接触带来了饮食生活的变化，在其反向作用下，朝鲜人也开始自觉认识起朝鲜饮食。

加拿大多伦多大学历史文化系的杰弗里·皮尔彻（Jeffrey Pilcher）称，随着 20 世纪 90 年代英美历史学界"新文化史"（new cultural history）的出现，"历史学的饮食研究"开始蓬勃发展。新文化史研究"深描"（thick description）一件古文书或一幅画作，重构当时的事件与社会文化脉络。《绘画中的朝鲜饮食史》也是用这样的方式解读历史。本书描绘 500 年朝鲜饮食史的轮廓，并选出相应的画作从而探究其真实面貌，读者可以从中体味深描画作中盛载的朝鲜时代饮食生活与饮食史的乐趣。

第一部

新王朝，新口味：

16 世纪至 17 世纪初期的饮食史

高丽王室崇尚佛教，因此王族和高层官员禁止食肉而是吃素，喜欢茶与面食。高丽从 1231 年（高丽高宗十八年）开始遭受蒙古的入侵，与蒙古进行了约 30 年的战争，最终在 1259 年（高丽高宗四十六年）达成了和议。蒙古建立的元朝从此时至 1356 年（高丽恭愍王五年），介入高丽王朝的政治与经济，历史学界将这一时期称为"事元期"。在这一时期，高丽王室与统治阶层开始享受肉食与饮酒，蒙古等北方游牧民族的多种肉食烹调法也被介绍到高丽。

建立朝鲜王朝的太祖李成桂（1335—1408，1392—1398 年在位）的祖先居住在今咸镜北道图们江一带，并在此培养势力。朝鲜初期的王室成员熟悉这一畜牧地区的饮食习惯，非常喜欢吃肉与饮酒，甚至到了可以说用酒来开展政治活动也不为过的程度。第一部要讨论的描写 16 世纪至 17 世纪初期的画作《中庙朝书筵官赐宴图》与《耆英会图》，描绘了官僚们在宴会上饮用国王所赐之酒的情景。但大部分的酒，尤其是作为蒸馏酒之一的烧酒的主要原料是谷物，因此禁止在歉收年时过度酿酒。针对这些问题，朝鲜的国王们经常颁布"酒禁"和"牛禁"，警惕饮酒与屠杀，但王室自身时常违反这些命令，因此这些命令很难被高效执行。

朝鲜前期出现的各种食谱反映了这种饮食文化。朝鲜世祖（1417—1468，1455—1468 年在位）年间，御医全循义在《山家要录》"酒方"条的开篇介绍了酿酒用的计量单位与适合酿酒的日子，随后又整理了烧酒、清酒、浊酒、甘酒等 50 种酒的酿造法。生活在今庆尚北道安东的书生金绥（1491—1555）在《需云杂方》的上卷《濯清公遗墨》中用汉文介绍了包括酿造三亥酒在内的 41 种酿酒法与下酒菜的制作方法。

朝鲜王朝接受了中国汉朝时期整理的皇室宴会礼法，并将其原样用于王室宴会。宴会的座位安排规则是其中之一，出席者中地位最高之人后背朝北坐在北壁方位，其他人依次坐在东壁与西壁方位。我们会在第一部将要讨论的《中庙朝书筵官赐宴图》《耆英会图》《宣庙朝诸宰庆寿宴图》等绘画中见到这样的宴会情景。

从朝鲜世宗（1397—1450，1418—1450 年在位）统治的 15 世纪初中期开始，朝鲜在经济上逐步走向稳定。农业与渔业的产量增加，食物也变得丰富起来。但到了朝鲜燕山君（1476—1506，1494—1506 年在位）年间，暴政与连续不断的干旱导致社会陷入混乱。到了朝鲜中宗（1488—1544，1506—1544 年在位）时期，经常出现连做饭的粮食都不足的情况。气温比往年低很多的异常低温现象导致干旱、冰雹、霜冻等灾害接连发生。在学者们称为"小冰期"的这个时期，歉收导致粮食不足，传染病也时常流行，人与家畜频繁倒下。

《中庙朝书筵官赐宴图》
佚名,《宜宁南氏家传画帖》,16世纪初期,42.7×57.5厘米,
弘益大学博物馆藏品

第一章
在景福宫勤政殿前庭
醉酒踉跄

　　高耸的殿阁坐落于北侧中央，石阶前庭凹凸不平的薄石板向南长长地延伸，在仅供国王使用的道路——御道的左右出现了很多人的身影。庭院右侧穿着官服、摇摇晃晃的两人与搀扶他们的仆人被绘入画中。左侧有数十名官吏，还有跳舞、演奏乐器之人，隔着放置着两个白色坛子的桌子，还有一群站着的人。画面下方与庭院右侧类似，出现了仆人搀扶着无法支撑身体的官员的场景。装在坛子里的很可能是酒。这是描绘朝鲜时代宫廷活动场面的记录画中，唯一一幅展现参与者醉后踉跄模样的画作。当日到底发生了什么事情呢？

跪着接受国王所赐之酒

活动的举办时间是 1534 年（朝鲜中宗二十九年）阴历十月初六日，《朝鲜中宗实录》这样记录了当日的情况："（中宗）传于政院（朝鲜时代负责出纳王命的官厅）曰：今日书筵官赐宴后，堂上官，半熟马一匹，堂下官，则儿马一匹赐之。"

这幅画作的题目是《中庙朝书筵官赐宴图》。"中庙朝"是指朝鲜中宗年间，"书筵官"是指负责教育王世子的官员。画中穿着粉红色与红色官服的人就是书筵官，当时他们教育的王世子是后来继中宗之后即位的仁宗（1515—1545，1544—1545 年在位）。"赐宴"是指国王赐给大臣的宴会。画员们像拍照一样细致地绘制活动场景，参加的书筵官们各分得一张保留下来。

画册的另一面是记录参加者姓名与职责以及教育王世子时负责任务的座目①。座目上记录的参加者有 39 名，看来书筵官

① 座目，一般指记录朝鲜时代官员或特定团体参加者的姓名、年龄等事项的名单。——译注

们并没有全部出席宴会，因为画中只出现了18名身着粉红色官服的书筵官与11名身着红色官服的书筵官。该时期官服的颜色意味着什么呢？朝鲜初期堂上官穿粉红色官服，堂下官穿红色官服。堂上官指品阶在正三品以上的官吏，他们在朝廷举行正式会议时可以坐在长腿交椅上，因此才出现了"堂上官"这种说法。而堂下官指的是不能坐在交椅上的官吏，统称正三品下阶以下的官吏。

　　画中并不区分堂上官与堂下官，而是在每位参加者的面前都摆放了一张小桌子。但在堂上官中，有一人跪在地上，正从身着红色官服之人处接受某样东西（见图1）。身着红色衣服的官吏是负责宫中用酒的官衙——司酝署的堂下官，他正在赐

图1

下所谓的"宣酝"之酒。君主所赐之酒又被称为"宣酝",由司酝署负责准备。壬辰倭乱后,司酝署更名为"酒房"。该官署不仅负责准备酒,也要负责准备君主赐给大臣们的食物。大臣们在接受宣酝或饮用宣酝时,无论是谁端来宣酝,都要将此视为君主在亲自赏赐宣酝,并向赐酒之人行礼。

在景福宫勤政殿前庭举办的活动

朝鲜中宗赐给书筵官们的宴会是在景福宫勤政殿前庭举行的。勤政殿是举行国王登基仪式或国王亲自主持重要活动的地方。画作的最上方耸立的殿阁就是勤政殿(见图2)。勤政殿的后山是汉阳都城的主山白岳山,也就是现在的北岳山。画中栩栩如生地描绘了由花岗岩构成的白岳山的形象。

图2

但画中的勤政殿与今日所见的勤政殿略有不同。画中的勤政殿建于 1395 年（朝鲜太祖四年），1592 年壬辰倭乱时烧毁。现在的勤政殿是 1867 年（朝鲜高宗四年）在兴宣大院君李昰应（1820—1898）的主持下重新建造的。因此，《中庙朝书筵官赐宴图》是唯一一幅描绘壬辰倭乱前勤政殿样貌的画作。另外，与现在整个前庭都铺满薄石板的勤政殿不同，画中除了中间的御道外，都是普通地面。

我们再来观察一下画中的人物。在书筵官的座位旁边有两个人在跳舞（见图 3）。她们分别穿着白色与红色的上衣，上面套着黄色的褙子，也就是与现在的马甲类似的套衫。与普通上衣袖子不同，她们上衣长长的袖子延伸到可以覆盖住手，也许这是为了展示舞姿使其更为显眼。这两个人右侧有六名穿着同样衣服的人坐在地上。

这些人都是女性。朝鲜时代王廷中被称为"女妓"或"妓女"的官婢大多由医女兼任。朝鲜中宗同父异母的兄长燕山君于 1504 年阴历六月十三日举行了王室的大宴——进宴，当时选出 80 名医女，令她们穿上前述画中出现的衣服，坐在御前的石阶上。医女兼任此职的惯例由此而来。另外，医女中有全职领取全额薪俸的如同正式员工的"全递儿"，还有只在出现特殊之事时才入宫的领取一半薪俸的非正式员工"半递儿"。只有"半递儿"才兼任女妓的工作。因电视剧而出名的医女大长今，在该宴会举行前的1524年（朝鲜中宗十九年）阴历十二月十五日获得了中宗对其医疗实力的认可，成为全递儿。

有舞蹈当然也要有音乐。六名女妓背后，身着红衣之人正在演奏乐器（见图4）。坐在最右侧弹奏大琴的人与旁边的人不同，他戴着黑色的斗笠。这应该是负责王室音乐的掌乐院的乐工与乐生之首——乐师。乐师旁边坐着四名头上裹着头巾的乐工。从右边起，第一位与第三位乐工抱着的乐器是琵琶，第四位乐工应该是抱着玄琴或伽倻琴。虽是国王赏赐的宴会，但他没有亲自参加，所以音乐与舞蹈似乎准备得比较简单。

图3   图4

"一口"喝下，突然醉倒的三名堂下官

我们需要关注的是此次宴会上的酒。酒被装在御道左侧高脚红桌上的两个白瓷坛中（见图5）。这张桌子因放置酒坛而被称为"酒桌"。酒桌周围，一名司饔院（负责宫中饮食工作的官衙）的堂下官与两名胥吏正准备斟酒。

图5

现在我们需要仔细观察一下书筵官所坐的位置（见图6）。白色帐幕下坐有三人，以他们为基准，西边坐有四人，东边坐有三人，坐在东边尽头的堂上官正跪着接受中宗所赐之酒。如图所示，朝鲜时代王室与士大夫宴会的座位安排存在必须遵守的规则。

图6

　　基准是参加者后背所朝的方向。背北而坐的位置被称为北壁，这是等级最高的位置。其后依次为东壁、西壁、南壁。即多人围坐时，地位最高之人坐于北壁，其他人依次坐于东壁、西壁，然后再依照东壁、西壁的顺序坐下。因此正跪着接受赐酒的堂上官在参加者中排名第十，按照图册中记录的参加者名录，这应是担任承政院副承旨，兼任经筵厅参赞官、春秋馆修撰官的金希说。

　　因醉酒而早早离席的官员是三名堂下官（见图7、图8）。这次宴会并没有向所有参加者分别提供酒杯。因为是国王所赐之酒，所以一个酒杯从上级官员开始轮流使用，拿到酒杯之人只能"一口"喝下。因此酒量不佳的参加者似乎很快就有了醉意，甚至无法坐在座位上。

图7   图8

中宗所赐之酒是什么酒？

中宗到底赏赐了什么酒，竟有三人醉得踉踉跄跄，而且他们还是堂下官中的年轻官僚。朝鲜时代人主要饮用浊酒（米酒）、清酒，以及蒸馏酒——烧酒。蒸馏清酒而制成的烧酒是显示富裕的极好媒介，而且饮用之时感觉良好。酒该有多美味，高丽后期的李穑（1328—1396）才会吟诗称"强吸半杯熏到骨，豹皮茵上倚金屏"。

但烧酒也存在很多种类。其中红烧酒是负责国王医药事务的内医院制作的王室秘酒。许浚（1539—1615）在《东医宝鉴》中记录了制作红烧酒的方法："凡烧酒煮取时，先将紫草细切纳于缸中。一瓶烧酒则紫草五钱或七钱为准，乃承取热烧

酒于紫草缸中，停久则其色鲜红可爱。"紫草是紫草科的多年
生草本植物，制作烧酒时将紫草的根部晾干后使用。据说紫草
可以健胃，还有解毒之效。

贵重的红烧酒是赠给明朝使臣们的礼物，或在像画作表现
的活动中，偶尔在国王赐下的宴会上被用作赏赐之酒。中宗在
王世子完成中国史书《春秋》的学习后，召集书筵官赐下宴
会。早在王世子刚满两岁时，中宗就对他赞不绝口，说他不像
其他孩童一样喜欢游戏，而是喜欢文字，能够记住《千字文》
与《类合》。那么聪明的王世子这次完成了《春秋》的学习，
中宗是不是心怀喜悦地赐给书筵官红烧酒呢？

即便红烧酒对健康有益，但如果连续喝下这种酒精度超过
40 度的酒，醉意也会很快袭来。在景福宫勤政殿前庭，生平
第一次喝下这一烈酒的三名年轻堂下官不顾前辈们仍然在座，
就在仆人的搀扶下提前归家。值得庆幸的是，在朝鲜时代初中
期，无论官职高低，对饮酒相关之事都十分宽容。

此外，现在全罗南道非物质文化遗产第 26 号的"珍岛红
酒"与朝鲜时代的红烧酒类似。近来宣传地区特产时，当地经

常强调这在朝鲜时代是进献给国王的贡品，但这些宣传大多是毫无根据的市场营销行为。画中的红烧酒也不可能是作为贡品进献给国王的珍岛红酒。我们在包括《朝鲜王朝实录》在内的朝鲜古文献中，尚未发现珍岛红酒被列入贡品名单的记录。18世纪中期，在大同法实施之前，每个地区都会把土特产进献给王室，但这只是一种税金，并不是因为美味而被进贡的物品。

酒即权力

制作烧酒时要使用大量的小麦与大米。朝鲜成宗（1457—1494，1469—1494 年在位）时期，国家富裕，王室与统治阶层的生活日益奢侈。1490 年阴历四月初十日，司谏赵孝仝向成宗提出了这样的建议："世宗朝士大夫家罕用烧酒，今则寻常宴集皆用之，糜费莫甚，请禁之。"但由于其他大臣的反对，赵孝仝的建议没有被成宗接受。由此可以推知，烧酒与浊酒、清酒一样，在富裕阶层之间十分流行。

朝鲜中宗年间也发生过类似的事情。1524 年阴历八月初一日，南衮（1471—1527）启禀中宗："近见民间之弊，所以衣食不足者，崇饮为之害。而烧酒之糜费米谷，尤有甚焉。侵虐新来者，征办烧酒，转卖家产，尽力备办。外方官府，以此饮客，用之如水。民家效之，中外成习，弊将不已。宜别立防禁，令法司严禁也。"

但中宗持"若禁其游宴者，则糜费之弊可无矣"的消极态度，不同意为解决粮食不足的问题而从根本上禁止烧酒的对策。烧酒爱好者大多是掌权的士大夫，中宗似乎不想招惹他们而产生麻烦。众所周知，中宗是燕山君被废黜后登上王位的国王。但这不是他自己主导的"反正"①，只不过是士大夫们事成之后的顺水推舟。因此哪怕在粮食不足的情况下，他也不太可能颁布烧酒禁令。酒虽能给人们带来快乐，但也是让百姓吃不上饭的原因。所以说在朝鲜时代，酒即权力。

---

① 反正，此处指的是 1506 年朴元宗、成希颜等士大夫发动的废黜国王燕山君，推戴时为晋城大君的中宗为王的政变，朝鲜时代称此政变为"反正"，"反正"有"拨乱反正"之意。当代学界亦称此政变为"丙寅政变"。——译注

《耆英会图》
佚名，16世纪后半期，163×128.5厘米，
韩国国立中央博物馆藏品

第二章
耆英会上饮用的热酒

瓦屋顶的檐檩（架在支柱或墙体上方，支撑房椽的檩条）上晾着白色的棉布。或许是为了详细展示室内的情况，画家将原本展开的棉布向上收拢起来。如果将视线移至室内，就能见到七名穿戴纱帽冠带的官员、十个装好餐具的红色漆盘、九个似乎是豹皮制成的垫子、三名正在给官员呈送食物的女性以及两名跳舞的女性。

再往下移动视线，我们可以看到在铺有台阶的栏杆内侧，有九名各自拿着乐器演奏的男性。中间摆放着插花白瓷花瓶，右侧坐着十名舞者，左侧坐着六名女性。最左边有两个白坛子与火炉，一位女性正用火炉加热水壶。这个水壶中装的是什么呢？

年满七十的正二品以上官员会聚一堂

这幅画被装裱为画轴。最上方用篆书撰写的"耆英"二字清晰可见，接下来的两个字模糊不清，但推测是"会图"。即画轴的题目是《耆英会图》。"耆英"是指年龄较大、有学德且官位较高之人。在朝鲜时代，这特指的是大部分品阶在二品以上、年满七十之人，或是八十岁以上的堂上官。因此，坐在室内的七名官员是被称为"耆英"的人，也是此次活动的主人公。

那么他们是谁呢？画轴下端是写有参加者职位、级别与名字的座目。右起依次为领议政洪暹（1504—1585）、左议政卢守慎（1515—1590）、右议政郑惟吉（1515—1588）、判中枢府事元混（1505—1597）、八溪君（八溪是今庆尚南道陕川旧名，以该地名为封爵名）郑宗荣（1513—1589）、判敦宁府事朴大立（1512—1584）、汉城判尹任说（1510—1591）。

如果以朝鲜时代座位安排规则为依据，可知背部朝北而坐的三人中，中间是洪暹，右侧是卢守慎，左侧是郑惟吉（见图1）。右侧最北边的人是元混，在他对面伸出手的人是郑宗荣，离开座位双手接过酒杯的人是朴大立，坐在右侧最南边的人是任说。按座目的记录，"耆英"共有七人，但小宴床与豹皮垫子各有九张。

图1

当时人们称这样为元老官员们准备的宴会为"耆英会"或"耆老宴"。主办此次活动的官厅是"耆老所"。现在首尔光化门广场东西侧曾坐落有当时负责国家事务的中央官厅六曹，即吏曹（负责文官选任与人事工作的官衙）、户曹（负责人口、税金、财政等事务的官衙）、礼曹（负责礼乐、祭祀、宴享、学校、科举等事务的官衙）、兵曹（负责军事与邮政的官衙）、刑曹（负责法律、诉讼、监狱、奴隶等事务的官衙）、工曹（负责土木、建筑、陶瓷生产等事务的官衙）。耆老所位于东侧的最下方，即现在教保大厦的位置。

耆老所负责优待前职与在任的元老。原则上，年满七十岁的正二品以上的文官可以进入耆老所。虽然如今有很多人能活到七十岁以上，但在朝鲜时代，像这样长寿是非常罕见的事情。在该年龄段担任宰相的洪暹、卢守慎、郑惟吉认为进入耆老所是莫大的荣誉。但该画轴上并未留下耆英会举办时间的记录，而判敦宁府事朴大立的去世时间是 1584 年阴历九月，所以耆英会应该是在此之前举行的。耆英会在每年阴历三月初三日上巳节与九月初九日重阳节举行，因此该画作中宴会的举办时间不晚于 1584 年上巳节。

各以次而传觞，必醉乃已

耆英会与耆老宴从 1475 年（朝鲜成宗六年）开始，随着耆老所各种制度的完善而得以正式举行。朝鲜初期的学者成伣（1439—1504）在《慵斋丛话》卷九中记录了耆老宴与耆英会的宴会过程，使人如身临其境一般，描写得极为细致生动。成伣的记录如下：

> 朝廷每于三月上巳、九月重阳设耆老宴于普济楼（推测是原位于今首尔市钟路区明伦一街的兴德寺的楼阁），又设耆英会于训錬院（原位于今首尔市乙支路五街附近的负责训练教导军士的机构），皆赐酒乐。耆老宴则前衔堂上往赴，耆英会则宗宰（王室宗亲中拥有宰相品阶之人）年七十、二品以上，及正一品以上及经筵堂上往赴。礼曹判书以诸事考察押宴，承旨亦承命而往。分耦投壶不胜者取觯与胜者，揖（问候的礼法之一，双手合十，放在面部前上方，腰部朝前恭敬地弯下）而立饮，奏乐章以侑之。遂开宴，大张丝竹，各以次而传觴，必醉乃已，日暮扶携而出。得与是会者，人皆荣之。

通过以上记录，我们可以充分了解《耆英会图》中的场景。正如成伣文中所述，当天的耆英会应该是在训錬院举行的。前文留下疑问的空座位是不是宗宰的座位？不知为何，宗宰离座，只有列入座目的七人安坐于座位上。趴在右侧庭院中的身穿粉红色官服的人应该是与宗宰一起到来的经筵堂上，其身旁之人则是实际负责活动事务的承旨（见图2）。出现在下侧庭院中的人群是耆英会参加者的随行仆人（见图3），趴在左侧庭院中的两人很有可能是领议政的随行下级官员（见图4）。

图2 　　　　　　　　　　　　　　图3

图4

　　国王赏赐了奏乐，所以抱着乐器的九人是掌乐院的乐师与乐工（见图5）。总管演奏的乐师坐在中间演奏竹板，其他乐师或在他的右侧演奏鼓、奚琴、长鼓，或在左侧演奏唐琵琶与大琴。每次更换音乐时，都会有两名舞者出去跳舞。舞者共有十二人，大概进行了六次舞蹈表演。

图 5

宣祖所赐之酒是什么酒？

那么宣祖所赐之酒到底是什么酒呢？因为没有留下相关记录，所以我们现在无法准确判断，只能通过火炉上的水壶推测他们所饮之酒的类型（见图6）。大火炉里红炭燃烧，两根铁棒横架其中，铁棒上面放着一个白色瓷碗，瓷碗上面放着一个水壶。也许瓷碗里装着水，壶里装着从白瓷坛里倒出来的酒，正在加热。

如果我们再次将目光转向耆英会主人公们所在的室内，可见他们左右各有一个烛台，烛火正在燃烧（见图7）。由此可知，活动的举行时间可能是在日落之后。一般阴历三月初三日是阳历4月前后，这时虽然春天来临，但晚上依然寒气逼人，所以才把酒加热的吧？用来加热酒的火炉也被称为"酒炉"。加热后饮用的酒一般是浊酒或清酒，如果是国王所赐之酒的话，应该是比浊酒更高级的清酒。

图6   图7

朝鲜时代用酒曲酿造的谷物酒按制作方法分类，可分为单酿酒、二酿酒、三酿酒。单酿酒是只发酵一次的酒，浊酒（米酒）就是其中的代表。酿造二酿酒的时候，是把单酿酒发酵几天后，再倒入谷物、酒曲与水继续酿造。朝鲜时代食谱中出现的大部分的清酒都是二酿酒，其特点是具有浓烈的甜味。三酿酒是在二酿酒中再次倒入谷物、酒曲与水后再次发酵的酒。三酿酒的颜色鲜亮，不甜，风味浓郁，具有醇厚的香气。因此，王室或汉阳富有阶层喜欢饮用的最高级清酒就是三酿酒系列的酒。

耆英会所饮之酒是国王赏赐的，应该是三酿酒系列的清酒。在画中耆英会召开的约 40 年前，金绥撰写的《需云杂方》上卷《濯清公遗墨》中就出现了三亥酒、碧香酒、小曲酒、别酒、杜康酒、三午酒等九种三酿酒的酿造方法，其中首先提到的就是三亥酒的酿造法。也许是因为三亥酒最美味吧。张桂香用谚文（即古韩文）撰写的现存最古老的食谱——《饮食知味方》中记录了三亥酒的四种酿造法。其中只有一种酿造法的主原料是糯米，其余三种都是白米，即粳米。在加入糯米浆的三亥酒酿造过程中，无须另外添加面粉，这可能是因为添加糯米浆已有添加粳米与面粉的效果。喝一杯完全发酵的三亥酒，干净浓郁的香气沁人心脾。可以说三亥酒是当时最高级的酒。

为何把酒加热？

　　有酒自然需要下酒菜。画中红色小宴床上摆放着十副餐具（见图 8）。朝鲜时代使用的餐具包括盛饭的周钵与沙钵、盛汤的大楪、盛酱油或芥末的钟子、盛汤汁较多食物的甫儿、盛干物的贴是等。画中的餐具看起来像是甫儿与贴是，仔细观察的话，可见小宴床上还放着筷子。当然也应该有勺子，但画家似乎难以把勺子都画出来。

　　就像画家没有画下勺子一样，我们仅凭画作无法推测餐具中的下酒菜是什么。在日落后傍晚时举行的宴会上，不仅是酒，小宴床上的食物也会很快冷掉。左侧庭院里用盘子呈送食物的男仆们是不是也想把小宴床上冷掉的食物换成加热过的食物呢？（见图9）他们把加热过的食物一一送来，但把酒干脆放在与会者身边加热。

图8　　　　　　　　　　　　图9

　　将盛酒的水壶泡在沸水中使酒间接加热，这就是加热酒的方法。这样间接加热的酒被称为"温酒"。生活在画作相近时期的张维（1587—1638）认为，在严冬中唯一能驱散寒意的就是酒。但他也认为，如果喝凉酒就完全无法获得这样的效果。所以他说酒炉加热过的酒最适合御寒。

朝鲜时代的酒徒们在天气寒冷之时喜欢喝热酒。上了年纪的人喝了热酒，身上会回暖，脸色也变得红润起来。不仅如此，即使是完全发酵的清酒，在没有冰箱的时代也很容易变质，但此时如果间接加热，清酒在高温下不会轻易变质。因此，耆英会上准备了热酒。

20世纪70年代后期，随着冰箱的普及，韩国的爱酒家们开始享用凉酒。他们认为啤酒当然要喝凉爽的，而浊酒、清酒甚至稀释烧酒 [在酒精（95% 酒精）中加入降低酒精含量的水、甜味剂、酸味剂等制成的酒] 与蒸馏烧酒也理所当然应该喝凉的。但朝鲜时代的酒徒们会尽可能地喝热酒。这样既能感受酒香，又能温暖身体，让酒发挥药物的作用。是不是因为这个原因他们才把酒称为"药酒"？

《宣庙朝诸宰庆寿宴图》
佚名,《宜宁南氏传家敬玩图》,1605 年(18 世纪摹本),34×125.4 厘米,
高丽大学博物馆藏品

第三章
男性宫廷厨师参加
102 岁老夫人庆寿宴的原因

鲜花盛开的 1605 年（朝鲜宣祖三十八年）阴历四月，汉阳长兴洞（今会贤洞）的豪宅里举办了一场盛大的宴会。从二品以上官员才能乘坐的轺轩首先到达，马在大门外垂柳边喘着粗气，不久夫人们乘坐的屋轿也陆续到达大门口。参加宴会的客人非常多，在外庭中聚集的宾客与仆人就多达数十人。（第一幅）

未能进入举行宴会正厅的宾客们在棉布做成的大型遮阳帐下，各自坐在一个小宴床前。侍女们正在给参加者们上酒，画作的左侧末端出现了装有酒的白色坛子。隔着遮阳帐的内院里设置了用稻草做屋顶的临时棚屋。在棚屋里，仆人们正往十几个

红色小宴床上摆放食物。外面的高脚桌上摆放着砧板，还有五口大小不等的锅。看起来像是厨师的人正忙着烹调。（第二幅）

从右侧上端起依次是
《宣庙朝诸宰庆寿宴图》的
第一幅至第五幅

　　另一个庭院的空间更为宽广。为了区隔参加者与乐工、舞者的空间，用贴有白纸的素屏隔出了特定区域。画作东侧有七名官员，西侧有六名官员，均戴着用纸花装饰的官帽，分别身着粉红色与红色的官服。南侧有八名官员，四人一组，各坐在东侧与西侧。（第三幅）

　　在建筑与建筑之间的庭院里，也有多名身着官服的参加者各坐在一个小宴床前。侍女们忙着上酒。这里也有舞者正在跳舞。（第四幅）

大厅廊台上，两位身着绿色上衣的夫人背朝北壁而坐。也许坐在她们周围的女性都是前来伺候的媳妇们。东壁与西壁也各有八名女性面对面坐成四排。身着粉红色官服的男性正跪着向夫人们的方向敬酒。该庭院里也有两名男性正在跳舞。（第五幅）

上述五幅画的题目是《宣庙朝诸宰庆寿宴图》。"宣庙朝"是指朝鲜第十四代国王宣祖在位时期，"诸宰"是指多位宰相，"庆寿宴"是指庆祝长寿的宴会。那么为何举办这么盛大的宴会呢？

百岁老母在世，乃国家之庆

历经 7 年的壬辰倭乱直到 1598 年冬天才结束，此后又过了三年多，1602 年秋，承政院向宣祖汇报时任刑曹参议的李蘧（1532—1608）家有 99 岁的老母蔡氏。宣祖听闻蔡氏经历残酷的战争仍然健在的报告后，认为这对国家来说是吉兆。他非常高兴，下令向蔡氏赠送礼物。翌年即 1603 年阴历正月，宣祖称："李蘧母今年百岁云，世所罕有。"他指示："令岁时题给食物，李蘧特为加资，以慰其母。"

同年阴历九月，宣祖在蔡氏百岁寿诞来临之际，为了让她高兴，任命李蘐为刑曹参判，追赠李蘐已经去世的父亲为吏曹参判，并赐给蔡氏所谓"贞夫人"的称号。同月，李蘐在母亲蔡氏的寿诞当日，邀请十几名高官并举行盛大的宴会。

虽然未能参加宴会，但多次听说此事的许穆（1595—1682）将当日的情景记录如下："诸公卿百官之长，毕集观其庆。京城为之谣曰：母以子贵，子以母贵；熙熙寿母，公伯其子。"

以这件事为契机，1605年阴历四月上旬，李倧（后来的仁祖）的岳父韩浚谦与正在侍奉年过七十老母的宰相们结成了奉老契。他们一致认为："吾侪亦设一宴，各奉慈亲，陪百岁夫人，称献寿酌，甚是人间盛事。"当时奉养老母的宰相有姜绅、姜绹、姜统、朴东亮、尹暾、韩浚谦、洪履祥、南以信、闵中男、尹寿民、权诇、李蓂、李蘐等十三人。奉老契成员中姜绅、姜绹、姜统与李蓂、李蘐各为兄弟。他们奉养的老夫人共有十人。

宣祖听说奉老契将主办庆寿宴后，"令诸道供给其物"。另外由于战争刚刚结束，不便奏乐，但宣祖认为老夫人们不知何时就会去世，于是特别允许动用宫中的乐工演奏音乐。庆寿宴依照一定的规则进行。例如，辰时（上午7时至9时）全体集合，成员们皆乘轺轩陪其老母而来，子弟在凌晨集合，等等。

　　第五幅画作中坐在北壁的两位夫人，右侧是102岁、最为高寿的李蘧的母亲蔡氏，左侧是姜绅的母亲——83岁的贞敬夫人（见图1）。因为两位夫人在外命妇中品级最高。其下的八位老夫人按各自的品级，依顺序东西相对而坐。坐在她们身后的女性是陪婆婆而来的儿媳们。

图 1

设置熟设所

该画册中最值得关注的是第二幅。该幅画生动地描绘了朝鲜时代其他记录画中见不到的"熟设所"的样貌。熟设所是指朝鲜时代王室为准备宴会所需的食物而临时设置的厨房。景福宫或昌德宫的每个殿阁都设有厨房，此外还设有内烧厨房与外烧厨房，以及生物房等。烧厨房是煮熟食物的空间，生物房是制作饮料、点心、年糕等食物的地方，也被称为"生果房"。但这些厨房都是制作少量食物的设施，因此举办王室的正式宴会"进宴"或"进馔"时，会建造熟设所的临时房屋，即"假家"作为厨房使用，其规模甚至多达190间。熟设所设有管理、监督厨房的监官，男性厨师——熟手分担责任，负责烹调，军人也被动员起来将食物搬运到架子上。

仔细观察一下熟设所的场面，可见画作的左上角放着两口盖着盖子的铁锅（见图2）。虽然不知里面煮着什么食物，但想象一下，很有可能分别盛着米饭与汤汁。前方放着三口没有盖子的小铁锅。旁边放着的大木盆里装满了木炭，坩埚中刚刚烧制成的木炭仿佛在散发热气。位于最左边的男性点燃了木炭，他身旁的男性似乎正拿着长长的工具在煮食物。

图2

　　他们的身后有一张高脚桌，上面放有装着食物的白瓷碗、木盆和砧板（见图3）。两名男性正在烹调。一人右手拿着刀，好像刚切好食材似的。另一人从罐子里用汤勺舀出一些东西。从罐子的模样来看，应该分别装着酱油、大酱与酒。其身后支架上放有一个宽嘴罐，里面可能装有水。他旁边的筐子里很可能装着蔬菜与肉。

图 3

朝鲜王室的男性厨师

也许会有读者觉得画作中清一色的男性厨师有些奇怪。以朝鲜时代为背景的大部分古装剧中，不是都有女性宫人制作食物吗？事实上，朝鲜时代宫中饮食的烹饪工作由吏曹下辖的司饔院中的男性杂职负责。这些人虽然世代为奴，但由于负责宫中饮食的职务特性，也被授予官职。司饔院主要由一名宰夫、一名膳夫、两名调夫、两名饪夫、七名烹夫组成。宰夫为从六品，是负责大殿、王妃殿水刺间[①]的主厨。膳夫是文昭殿（景福宫内供奉太祖与神懿王后牌位的祠堂）与大殿多人厅（朝鲜时代宦官居住之地）的主厨，位居从七品。调夫为从八品，是

---

① 水刺间，负责御膳的厨房。——译注

王妃殿多人厅的主厨。饪夫是世子宫与嫔宫的主厨，位居正九品。烹夫是宫内公馆的主厨，位居从九品。他们被统称为"饭监"。

平时监督或管理各殿阁水剌间的男性厨师们在举行大型宴会时，会组成一种"特别工作组"（task force）展开活动。画中站在正在烹饪的男性身边，仿佛在讨论什么的两人看起来像是前文介绍的官吏（见图4）。因为这是由王室的亲家韩浚谦主管，宣祖特别重视的庆寿宴，所以他们不得不出面。他们仿佛一边监督自己手下的胥吏是否认真工作，一边讨论如何呈上此次宴会的食物。

如果说前文所述的主厨们是官员，那么他们手下还有负责烹调的胥吏。其中有别司饔、炙色、饭工、酒色、饼工等，画中出现的厨师恰巧也是五名。别司饔是肉类厨师。在高丽时期，别司饔被称为"汉波吾赤"，因为蒙古语中的"波吾赤"是指切割或烹饪肉类的人。朝鲜太宗时期，随着宫中杂役人员的更名，汉波吾赤成了别司饔。画中拿刀之人应该是别司饔。

图4

炙色是负责煎饼或烤肉和鱼的厨师，画中拿着长筷子的人似乎是炙色。饭工是负责米饭与汤汁的厨师。位于画面的后侧，戴着红头巾的男性很有可能是负责煮饭铁锅的饭工。酒色是负责酒与饮料的厨师，他应该是从缸里舀东西的人。最后，饼工是负责糕点与饼类的厨师，他会不会是画中给锅点火的人？

事实上，朝鲜时代普通家庭或酒馆中的大部分食物都是由女性负责准备的。但是为何宫中除了各殿阁附带的厨房——水剌间以外，都是以男性为主负责厨房工作呢？这是源于前近代王室的官职体系。前近代的人认为男性应该负责正式的工作，女性应该负责非正式的工作。因此宫中的正式职务大部分被男性占据，女性只承担照顾国王的事务。一提到朝鲜时代的厨师，很多人只会想起像大长今一样的女性宫人。正如《宣庙朝诸宰庆寿宴图》所展示的，朝鲜时代王室最重要的厨师是男性。通过这幅画作，我们可以了解"烹调＝女性"的认知是当今社会的偏见。

第二部
战争与大饥荒，此后的膳食：17世纪中期至18世纪晚期的饮食史

1592 年（朝鲜宣祖二十五年），正值朝鲜王朝建国 200 年，日本丰臣秀吉（1537—1598）入侵朝鲜，壬辰倭乱与丁酉再乱持续到 1598 年（朝鲜宣祖三十一年）阴历十二月。这两场战争使朝鲜半岛的许多地区都沦为废墟。1636 年（朝鲜仁祖十四年）阴历十二月至次年阴历二月间爆发的"丙子之役"虽然比壬辰倭乱、丁酉再乱时间短，却是削弱朝鲜国力的决定性战争。接连不断的战争使原产地为美洲大陆的新作物陆续进入朝鲜。其中，辣椒、玉米、南瓜、土豆、红薯等成为 18 世纪以后朝鲜人餐桌上的日常食材。

然而在"丙子之役"结束不满 40 年的庚戌年（朝鲜显宗十一年，1670）与辛亥年（朝鲜显宗十二年，1671），朝鲜暴发了大饥荒。人们把这次大饥荒称为"庚辛年更化"，用"更化"二字来说明这次灾害的严重性，表示世界都因此发生了变化。但是灾难并没有就此结束，从乙亥年（朝鲜肃宗二十一年，1695）至己卯年（朝鲜肃宗二十五年，1699），朝鲜历经了近 5 年的大饥荒。后世学者选取饥荒最严重的乙亥年与丙子年，把这段时期称为"乙丙大饥荒"。据说在"庚辛年更化"与"乙丙大饥荒"时期，人相食，两次大饥荒导致 300 多万人死亡。

即便在这种大饥荒中，肃宗（1661—1720，1674—1720
年在位）依然稳定了朝鲜社会，尤其在巩固王室财力方面功
不可没。英祖（1694—1776，1724—1776 年在位）与正祖
（1752—1800，1776—1800 年在位）时代的社会稳定，也应
归功于肃宗。

17 世纪正式展开的燕行使赴清使行，使得朝鲜的士人有
机会接触中国的陌生食材与食物。但由于口味和饮食文化的差
异，朝鲜王室与统治阶层并不是从一开始就马上接受了清朝的
饮食。在同一时期，日本饮食也开始传入朝鲜。肃宗的御医李
时弼赴东莱倭馆（今属釜山）寻找有益健康的日本食物，并将
其记录在《谀闻事说》的《食治方》中，这些烹饪法被介绍给
了包括当时王室的熟手在内的众多厨师。1682 年（朝鲜肃宗
八年），朝鲜派遣日本的通信使一行人数多达 577 人，规模非
常庞大，其中以通信使身份赴日的赵曮把红薯种子带回朝鲜半
岛，并试着栽培。当时从图们江以北传入的马铃薯也在朝鲜半
岛迅速扩散。

本书第二部出现的《采乳》《回婚礼献寿》《奉寿堂进馔图》中所介绍的饮食向人们展示了当时统治阶层享受着多么丰饶的饮食生活。英祖通过禁酒令等各种政策来抵制王室与统治阶层的奢侈之风，但正祖为强化王权，对这种风气视而不见。第二部的《打稻乐趣》《水耘馌出》《路傍炉婆》《江边会饮》等作品展现了平凡百姓的日常与饮食生活。我们可以推知，那时的食物已经比以前丰富了许多。

《饯宴》
阿克敦、郑玙，《奉使图》，1725 年，29×46.5 厘米，
中央民族大学中国民族图书馆藏品

第四章
抵达朝鲜的清朝使臣，
生生醉倒在七杯酒之下

画作左侧画有一顶遮阳篷，下面似乎正在进行着只有少数人参加的高级宴会。地板中央铺着刻有花纹的竹席，其上有两名舞童翩翩起舞。他们身着粉红色外衣，脖颈围着红色丝带，跟随音乐将一只胳膊高高扬起，兴致盎然。然而当我们仔细观察舞童的脸时，会发现他们都戴着面具，应该是在表演傩礼（戴假面驱鬼的舞蹈）中的一种假面剧。站在他们前方的官员正在导演这一幕。

在舞童的左右，该宴会的主宾分别坐在椅子上。遮阳篷的后方可见北岳山山峰与北汉山城，由此可知主宾分东西相对而坐。背靠东壁的位置为上席，西壁位置为下席。坐在东壁位置的人身着清朝官服，坐在西壁位置的人身着朝鲜国王的衮龙袍。实际上在朝鲜时代，国王的面貌虽然被绘入御真（国王的肖像画），但出于对国王的崇仰，一般的记录性画作都会把国王的位置空出来，不予描绘。那么朝鲜国王被绘入画作，并把上座让给清朝官员的原因是什么呢？

以 20 幅的画册记录在朝鲜接触的风土人情

《饯宴》是清朝画册中的一幅，这一画册因描绘了接待使臣的场景而被命名为《奉使图》，它由 20 幅画作构成，描绘了清朝翰林学士阿克敦（1685—1756）于 1725 年（朝鲜英祖元年）阴历三月以使臣团副敕（即副代表职务）身份访问朝鲜时所参加的重要活动与所见的风景。画家为画工郑玙，画册完成的时间被推定为 1725 年阴历六月之前。朝鲜国王之所以被绘制出来，是因为该画作是在清朝制作而成的。

实际上郑玙并未去过朝鲜，那他是如何绘制得像是到过朝鲜并目睹了活动一般呢？这一秘密藏在 1725 年阴历三月十九日的《承政院日记》中。当时右承旨尹锡来（1665—1725）向英祖报告：负责接待清朝使臣团的迎接都监称，阿克敦要求用纸画下六种绘画，绘画内容包括山水、农耕场景、过江场景、房屋与演戏场景、身着官服的官员模样等。他似乎是把朝鲜画员精心绘制的画作带回清朝展示给郑玙，并让郑玙重新进行绘制。

我们来看一下《奉使图》中的 20 幅画究竟绘制了怎样的场面。第一幅是以紫禁城为背景的阿克敦的肖像画；第二幅是横渡鸭绿江前在野外留宿的场面；第三幅是渡过鸭绿江，抵达义州城的景象；第四幅是离开义州城，在所串馆（今平安北道鱼川道）接受茶礼的画面；第五幅是瑞兴（今黄海北道中部）；第六幅是朝鲜的农村风光；第七幅是朝鲜官员接待使臣团的场景，画有假面舞、走钢丝、翻筋斗等演出；第八幅是坡州（今属京畿道）的花石亭；第九幅是位于现在高阳市（今属京畿道）的供中国使臣下榻的碧蹄馆；第十幅是平山府（今黄海北道）的玉溜泉；第十一幅是开城的官厅一带；第十二幅是前往黄州牧凤山（今黄海北道）的沿途风景画；第十三幅是平壤的练光亭；第十四幅至第十八幅描绘的是阿克敦一行抵达汉阳后，朝鲜王室接待清朝使臣的仪礼场面；第十九幅是义州的风景；第二十幅是再次横渡鸭绿江，返回清朝的情景。每一幅画作上都留有描写相应场面的文字。阿克敦在此之前曾三次访问朝鲜，是专门负责朝鲜事务的使臣。清朝此次遣使赴朝鲜是为了吊唁前一年升遐的景宗（1688—1724，1720—1724 年在位），同时册封英祖。

酒过七巡，音乐停止，宴会结束

清朝使臣为册封新国王来到汉阳，朝鲜王室为他们举行了六次宴会。分别为：对抵达汉阳的使臣表示欢迎的"下马宴"、使臣到达汉阳的翌日举行的"翌日宴"、朝鲜国王在大殿上举办的"请宴"、慰问使臣辛苦的"慰宴"、使臣离开的日子决定下来后举办的表达欢送之意的"上马宴"、慰劳使臣离开的"饯宴"。

现在看到的第十八幅画作描绘的是阿克敦一行在朝鲜逗留一段时日后离开前夕受到"饯宴"款待的场景。我们来阅读一下阿克敦题在该画作右上角的诗（见图 1）。仿佛在观赏画作内容一样。

图1

海珍山果敞华筵，

面面屏开簇簇鲜。

酒上一杯花一献，

吏人才退乐人前。

如是题诗之后，阿克敦还在注释处备注了以下文字：

酒凡七上，则乐止宴终，执事者皆簪花。

阿克敦的诗还在继续：

悠扬几曲度夷歌，

舞袖双双按节和。

可惜筵前空一醉，

不知音处负人多。

阿克敦也给它们添加了注释：

舞童长袖戴花，歌声相应，而音则不知矣。

在画作里，坐在西壁位置的人是英祖（见图 2），坐在东
壁位置的人是阿克敦随行的清朝使臣团代表——遣散秩大臣觉
罗舒鲁（见图 3）。觉罗舒鲁代表清朝皇帝雍正帝访问朝鲜。
当时清朝与朝鲜之间的宴会规矩是：必须向皇帝敬九次酒，向
国王敬七次酒，才可以结束宴会。但不知道怎么回事，英祖这
次只给清朝使臣代表敬了七次酒。似乎因为这是即将分别的饯
宴场合，所以英祖的地位成了标准。

图 2　　　　　　　　　　　　　　图 3

阿克敦所说的"海珍山果"被摆放在北壁的桌子上（见图4）。虽然我们仅凭画作无法得知具体献上了什么食物，但通过接待外国使臣的记录——《迎接都监仪轨》可以简单进行推测。

一般来说，为清朝使臣准备他们喜欢的食物是一种礼仪。因此，朝方置办了清朝人喜欢的猪、羊、牛、鸭、鸡肉等食材。如唐猪盐水、山猪盐水、唐鸭子盐水等食物是用盐水来蒸煮猪、野猪、鸭肉制作而成。朝方同时还置办了用家禽的肝、肺、肾等制成的菜品，如鸡儿热片、鸭子熟片、山猪雪阿觅等。另外还有生鲜煎汤、全鳆煮只、海参于音汤等菜品，还准备了各种水果、药果、茶食、唐果子等。其中药果是朝鲜独有的一种甜饼干，颇受清朝使臣的欢迎。

两名身穿褐色官服的官吏分别用双手向英祖与觉罗舒鲁献花。身穿绿色官服的官吏跪在桌旁，从官服的颜色来看，似乎是负责翻译的译官。主宾得到的圆盘上放着一碗食物与一双象牙筷子。在主宾的南边，身穿紫色官服的官员还备着另外一碗食物在等候（见图5）。音乐一响，一杯酒与一盘菜就会像套餐似的被端上来。如此进行七次后，宴会便结束了。

图4   图5

那么，该宴会所使用的是什么酒呢？阿克敦与使臣团代表都是满洲人，他们平时喜欢的酒自然是被称为白酒的中国烧酒。白酒的主要材料是高粱，而朝鲜烧酒以粳米为主要材料，以酿造的清酒蒸馏而成。在这个场合，酒精度数达到40—50度的朝鲜烧酒可能取代了白酒，而阿克敦饮用了七杯朝鲜烧酒后便醉倒了。

不草率模仿清朝的饮食

现在，人们只要一提到清朝的皇室饮食，最先想到的就是满汉全席。满汉全席是清朝康熙帝（1654—1722，1661—1722年在位）为了纪念自己即位50周年，召集全国数千名元老大臣来举办千叟宴，集满人与汉人珍贵菜品于一处而成的华丽盛宴。但若非这样特别的活动，清朝皇室绝对不会举办满汉全席。

为期三天的千叟宴上，满汉全席共准备了 180 种食物。其中有许多普通人难以想象的菜品，如赤燕、天鹅、花尾榛鸡、鹌鹑等飞禽，鱼翅、黑海参、鱼鳔、鲍鱼等海产品，驼峰、熊掌、猴脑、猩唇、豹胎、犀牛尾、鹿筋等肉类，猴头菇、白参菇、竹笋、羊肚蕈、香蕈等珍贵材料，对它们加以特殊烹饪而制成的菜品随处可见。

事实上，朝鲜王室必须非常重视到访朝鲜的清朝使臣。朝鲜在"丙子之役"时已经向清朝投降，从这一角度来看，哪怕只有分毫，他们也不想被抓住把柄。因此，朝鲜设置迎接都监来系统准备使臣接待事宜，而国王亲自赴慕华馆迎接清朝使臣。另外，如果清朝使臣带来皇帝的礼物，那朝鲜王室在他们回去时也一定会奉上数千两白银。因此，宴会只要符合基本礼数就行，没有理由草率地模仿清朝饮食，不然反而有损接待。

无从得知彼此的口味

　　我们再来看看画作。在主宾所处地板位置的外侧，东西方各站着四名朝鲜官员，他们面前的桌子上分别摆放着白色的酒杯与筷子，还有一个盛放食物的长盘子（见图6）。他们是什么人？这些人并非跟随主宾的官员，因为主宾在主殿所坐位置的后面分别站着四名身穿朝鲜服饰与清朝服饰的官员。清方的随行人员甚至携带了武器。想来，他们应该是为主宾确认所食之物是否有毒的官员。

图6

　　从古至今，外交关系都始于互相怀疑。更何况当时的朝鲜王室认为明朝才是中华，而不是清朝，因此并不喜欢属于胡人的满洲使臣团。清朝使臣对这一情况心知肚明，所以很难安心食用朝鲜王室招待的菜品。一般都是尚宫负责此类事务，但想必是因为女性难以在外交场合出面，所以才由官员们代替的吧？

画作中没有出现勺子。莫非是朝鲜王室考虑到清朝人不习惯用勺子，才只把筷子放在宴床上？又或许是因为郑玙不知道朝鲜人会同时使用勺子与筷子的情况，所以才只画了筷子。而且，他画的不是朝鲜使用的铜筷，而是象牙筷。

1712 年（朝鲜肃宗三十八年），即阿克敦一行访朝十多年前，金昌业（1658—1721）在阴历十一月至次年三月期间离开汉阳，访问北京。他在《老稼斋燕行日记》中多次提到朝鲜官员因不习惯中国饮食而受苦的事情。特别是朝鲜使臣为给皇帝拜年而进入紫禁城时，因清方提供的驼酪茶不合口味，所以几乎不怎么饮用。如此直到 18 世纪，清朝与朝鲜的人们还是不太了解彼此的菜肴。长期比邻而居的两个国家，如果不经常见面的话，就难以获知对方喜欢的食物。当时正值人文交流十分稀少的时期，不知道彼此的口味也是理所当然的事情。

《采乳》

赵荣祐,《麝脐》,18 世纪初期,27.5×44.8 厘米,
私人藏品

第五章
朝鲜时代，在宫中挤牛奶

　　这幅画作的主人公是两头牛与五个人。最右边的人手执绑着牛后腿的绳子站在那里，另外一个被牛挡住脸的人挽起外袍的下摆，用左手使劲挤压牛的乳头。蹲在他对面的人正用右手端着接奶的瓢。还有一个人用左手抓住母牛的鼻环，右手轻轻拍着母牛的脸，加以安抚。

　　最左边的人抓住小牛，弓腰站着。与其他人不同，只有他一人画有纤细的胡须，应该是五人中最为年长的。他抓住的小牛被推断是母牛的孩子。在画作展示的这一场景之前，他们应该让小牛吮吸过母牛的乳头。单看这幅画，大家会觉得朝鲜时代的人也饮用牛奶。但真的是这样吗？

用牛奶制作驼酪

在朝鲜时代的文献中，牛奶被写作"酪"。1452 年阴历六月初一日的《端宗实录》记录了大臣们劝年满 11 岁的端宗饮用"酪"（即牛奶）的对话。于是国王在大臣们的恳请下饮用了牛奶。然而除端宗之外，几乎找不到其他国王饮用生牛奶的记录。徐居正（1420—1488）出生于世宗时期，死于成宗时期，他在《四佳集》中留下了一首题为"圣上怜臣衰病，赐内厨驼酪一器"的诗。这里的"圣上"指的是徐居正年老时在位的国王，也就是成宗。"内厨"指的是为国王准备膳食的水剌间。因此，这句话的意思是，成宗把水剌间进献的驼酪赐给了徐居正。

"驼酪"是怎样的食物呢？徐居正死后第三年，出生于今庆尚北道安东的金绥在用汉文写成的烹饪书《需云杂方》上卷《濯清公遗墨》中记述了驼酪："雌牛乳好者，令犊饮之，乳汁开出，洗乳取之。"此时再看一次画作，可以确认的是，金绥的文字所描述的内容与这幅画别无二致。

接着，金绥详细记录了用生牛奶制成驼酪的方法："多则一沙钵，少则半钵余，经筛三度，和作粥。若熟驼酪，则沸汤盛沙缸，纳本驼酪一小盏和之，置温处厚裹。至夜半，以木插之，黄水涌出，则置其器于凉处。若无本驼酪，则好浊酒一中钟亦可。（本驼酪入时，好醋小许并入甚良。）"也许徐居正饮用的正是用金绥记录的方法烹调而成的驼酪。

许浚在《东医宝鉴·汤液编》里用谚文把形容醇厚乳汁的"酪"写作"타락"（驼酪）。高丽末年的事元时期，指代发酵乳的蒙古语"Tapar"似乎被广泛用作"酪"的另一种说法。尽管《朝鲜王朝实录》没有记载，但《承政院日记》中经常会出现一种叫作"驼酪粥"的食物，而非驼酪。《承政院日记》记载了朝鲜国王与大臣之间的对话，但现在只留有仁祖（1595—1649，1623—1649 年在位）之后的内容，不过所有国王的记录都出现过驼酪粥，可见驼酪粥是朝鲜国王喜欢的菜品。

虽然驼酪粥也是以牛奶为主要材料，但是与前述《需云杂方》中驼酪的烹调方法略有不同。19 世纪初，凭虚阁李氏（1759—1824）在用谚文撰写的《闺阁丛书》中记录的驼酪粥烹调方式如下："把浸泡过的大米细细研磨成米浆后过筛。如果只用一碗生牛奶，那米浆可以稍微少放一些，就像一碗很稀的松子粥的粥疙瘩。先把米浆煮熟一半，然后倒入牛奶搅拌均匀，再继续熬煮。这就是内局的驼酪之法。"

如果说《需云杂方》的"驼酪"指的是在煮开的牛奶中加入少许生牛奶与食醋发酵而成的饮品，那么《闺阁丛书》的"驼酪粥"则是把泡好的大米放在石磨上进行研磨后过筛，在沉淀得到的米浆里加入生牛奶烹制而成的粥。有些人的体内缺乏可以分解牛奶中的乳糖（lactose）的乳糖酶（lactase），饮用牛奶类饮品会腹泻。或许曾有国王饮用驼酪后发生这样的事情，所以在16—17世纪，人们才会开发出这种在米浆里加入牛奶来烹调驼酪粥的方法。

朝鲜王室把驼酪粥视为有益于国王健康，适合度过整个冬天的良药。内医院会参考天气与国王的健康状况，如果判断国王需要增强元气，就会呈上驼酪粥。特别是每年阴历十月初一日至次年正月三十日之间，他们会随时调制驼酪粥，不仅上呈国王，还会提供给王妃、王世子、王世子嫔乃至进入耆老所的高龄官僚，供其食用。

挤牛奶的人到底是谁？

那么这幅画上出现的人是谁呢？实际上，若非从事畜牧业的人，给家畜挤奶是很困难的事情。绘画中有五名男性正在给母牛挤奶，但奇怪的点在于，这五个人全部身穿长袍，戴着宽檐纱帽，脚踩皮靴（见图1、图2）。朝鲜后期，能够穿这种服装的只有士大夫出身的人或担任从九品以上官职的汉阳中人。

图1   图2

中人指的是身份介于士大夫与良人之间的中间阶层，他们生活在汉阳的主街道附近，担任译官、医官、算官、律官、阴阳官、写字官、画员、历官等技术性职务。朝鲜的士大夫大部分不事劳作，所以画中之人很可能是中人出身的官吏。

前述的《闺阁丛书》称驼酪粥的烹调法是内局之物。内局，即内医院，是宫中负责为国王配制药物的官署。除内局外，它还被称为内药房、药院。虽然调制驼酪粥的最终决定权在国王手里，但通常会先由内医院提议。在朝鲜王室的制度已然完善的 15 世纪后期，内医院的负责人由士大夫出身的都提调、提调、副提调等官员担任。其下设中人出身的医官。医官不能只凭医术出色就可以担任，还必须通过科举考试之一的医科。只有通过这样的过程，他们才能升任属于从六品郎官的主簿以上的官职。

单凭画中的纱帽，我们就能推定他们是官员。纱帽又被称为黑笠，在士大夫群体中非常流行，之后在 1556 年（朝鲜明宗十一年）更是被王室批准作为外出服的帽子。到了 18 世纪，纱帽的帽檐变得更宽。汉阳的中人同样需要通过科举考试，可以由从九品升至正三品，也属于堂堂正正的中央官员。因此中人也能够使用宽檐纱帽。

于是富有或高阶的士大夫们会通过在纱帽带上加上装饰来区分身份。装饰主要用埋在地底下的树木的汁液所凝结成的黄色矿物琥珀或蜜花（属于琥珀的一种，带有乳球状花纹），以及属于海龟科的玳瑁的外壳等材料制成。画中人物没有在自己的纱帽上挂这些装饰品。因此，他们很有可能是隶属于内医院的医官。

但是此处还留有一个疑问，如果不是特殊情况，平时挤牛奶的事情是否也由内医院的医官亲自去做呢？因为为了满足王室所需，设有负责饲养牛、马等牲畜的司仆寺，也有专门负责调制驼酪粥的驼酪匠，这些人的身份为奴婢。1726年（朝鲜英祖二年）阴历十二月初七日的《承政院日记》记载了英祖与司仆寺提调之间的对话，其中出现了驼酪匠刘同伊与朴介宫只的名字。当时司仆寺里共有三名驼酪匠，因此平常很可能是由驼酪匠为母牛挤奶。但从画中人物的服装并非身为奴婢的驼酪匠所有之物这点来看，内医院的医官也许偶尔会亲自挤奶。

画如照片

这幅画的作者是活跃在朝鲜肃宗、英祖年间的士大夫画家赵荣祐（1686—1761）。赵荣祐在绘画、诗歌、书法等方面才华横溢，被人称为诗、书、画三绝。正如"即物写真，乃为活画"所言，他认为绘画的写实性描绘尤为重要。

　　赵荣祐留下了生动描绘人们生活面貌的画册《麝脐》，《采乳》正是其中的一幅。该画册中的加餐、针线活、锄禾、做木器等场景也都栩栩如生地展现了时人的生活。赵荣祐在人物描绘中很少施展技巧，而是直接画出用眼睛观察到的东西。

　　赵荣祐还另外绘制了出现在《采乳》中的母牛与小牛，而且是小牛吮吸母牛乳头的场景。与此相比较，我们可以确定《需云杂方》中记载的驼酪调制法与实际没有出入。

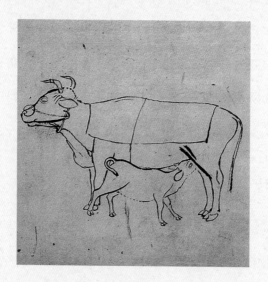

《牛图》
赵荣祐，《麝脐》，18 世纪初期，23.7×23.6 厘米，私人藏品

1984 年，韩国精神文化研究院（今韩国学中央研究院）藏书阁在古文书收集过程中发现了《麝脐》，汉字直译过来是"麝香鹿的肚脐"的意思。赵荣祐没有特别说明以此命名的原因。事实上，赵荣祐虽以出色的绘画技巧著称，但也因此饱受煎熬。英祖曾令赵荣祐重新绘制世祖与肃宗的御真，但他以"凡执技以事上者，出乡不与士齿"为由拒绝了。

如此看来，赵荣祐是因为自己的士人身份，所以不愿以绘画技艺出名。他在《麝脐》的封皮留下了"勿示人，犯者非吾子孙"一语。但正因为他的画作被保留了下来，200 多年后的今天，我们才能如同观赏照片一般确认朝鲜时代的人们挤牛奶的模样。

《回婚礼献寿》
佚名,《回婚礼图帖》,18 世纪,37.9 × 24.8 厘米,
韩国国立中央博物馆藏品

第六章
成婚60年
乃大喜之事！

　　一处私邸的大厅铺着花纹席。一名长白胡须的男子坐在最里边，他前面摆着一个红漆圆盘，圆盘两边分别放了一个黑漆虎足盘。他的背后坐着一个女孩，旁边还坐着一名头戴云冠的女性。云冠是朝鲜时代妇女用来搭配礼服的冠帽之一。这位夫人与男子一样，得到了一个圆盘与两个虎足盘。夫人的身旁也坐着一个女孩。夫妇两人都背朝北坐，应该是这场典礼的主人公。他们身后有画着葡萄的屏风。

两名男女挺直腰板跪坐在夫妇面前，双手高举放着饮品杯的托盘。西边靠里位置的虎足盘上放着青花白瓷坛，一名看上去像下人的女性正打算用勺子往杯子里盛饮品。她的旁边站着两名女性，其中一人捧着放有三个杯子的托盘。

以夫妇为中心，男女客人们各自把宴床放在面前，两排相对而坐。他们的纱帽和头上都插着红色的花朵。包括夫妇在内，所有人的桌子上都插着红色的花。朝鲜时代，王室或士大夫家里举行喜庆宴会时，人们会在帽子和头发甚至年糕等食物上插上纸花，以此表达祝贺之意。仅从这些就可以看出，画作画的是为坐在北边的老夫妇庆祝的宴会场面。

生动记录回婚礼流程的画册

这本画册由五幅画作组成，这幅是第三幅。该画册没有额外的封面，无从得知标题，但它画出了老夫妇的婚礼流程，所以被称为《回婚礼图帖》。"回"指的是60年干支再次回归，在成婚60周年的日子里再次举行的婚礼被称为"回婚礼"。

朝鲜时代，士大夫家中15岁左右的年幼新郎会通过媒人介绍与 18—20 岁的新娘结成夫妻。因此，如果夫妇能迎来回婚礼，丈夫至少 75 岁，夫人最多 80 岁。考虑到朝鲜时代人们的平均寿命不到 50 岁，夫妇都必须健康长寿才能举办回婚礼仪式。因此，人们把回婚礼的场景描绘得如同照片一样细致生动，并世代留存以作纪念。

回婚礼的流程与婚礼差不多。画册的第一幅描绘的是举办回婚礼的房屋大厅与庭院以及门外的胡同，视角就像用"无人机"在观察。走进胡同的丈夫跟随怀抱一对木雕大雁的雁夫，走向夫人正在等候的家。60 年前，年轻的新郎前往新娘家迎娶新娘，而举行回婚礼的丈夫则是走向与妻子一同生活的家。年老的新郎右手拄着王室赐给官至正二品以上官员的名为"几杖"的拐杖。从房屋的规模与参加回婚礼的人数来看，这是显赫人家的回婚礼。

前庭院中，看起来像是亲戚和邻居夫人模样的女性正在恭贺宴会，兴高采烈地交谈着。大厅似乎已经准备好了仪式，他们备好大礼床，两边放着新郎新娘的座位。新娘席旁边站着四名帮助新娘行礼的女性。

《回婚礼图帖》的第一幅

　　第二幅的内容是回婚礼的仪式现场。以中间的大礼床为中心，右边是新郎，左边是新娘。新郎新娘周围分别聚集着男人与女人，他们注视着即将开始的回婚礼。从装扮上看，他们都是士大夫家的子孙和亲戚。

　　大礼床的两端都堆着高高的灰褐色年糕，年糕上也插了红色、绿色的纸制装饰物，以示祝贺。新郎边的大礼床上摆有煮熟的鸡与矮矮的年糕堆，新娘那边应该也有类似的菜品。从点着蜡烛这点来看，举办仪式的时间应该是傍晚。本来婚礼的

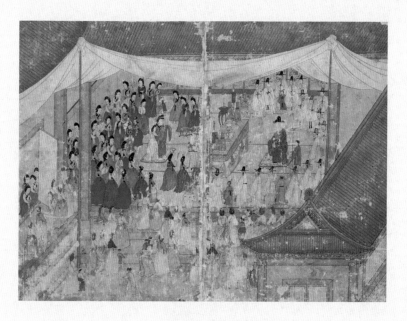

《回婚礼图帖》的第二幅

"婚"字就源自意指傍晚的"昏"字。因此人们在下午5时以后，等太阳下山后才举行婚礼。

第三幅描绘的是这对老夫妇一起出现的宴会现场，第四幅是新郎与男客人一起分享食物的场面。主人公坐在北壁，客人们按照年龄顺序依次坐在东西两壁。与第三幅画作一致，新郎得到了一个圆盘与两个虎足盘，上面摆放的菜品也类似。仆人与别监模样的男性正忙着搬运食物。青花白瓷坛与陶缸前面分别站着一人，他们正在用勺子舀饮品。青花白瓷坛里装的好像

《回婚礼图帖》的第四幅

是饮品，而陶缸里装的是酒。在他们的旁边，两个人正合力移动着摆满食物的圆盘。

　　第五幅画作中的人物似乎与第四幅相同，但仔细一看，事实并非如此。主人公新郎虽然还是坐在北壁，但坐在东西两壁的男性的着装不同。一人跪在新郎面前，高举摆放着饮品杯的托盘。位于他左边的青花白瓷坛里装的应该是不含酒精的饮品。如果新郎要从每位来宾手中接过一杯酒来饮用的话，年过七十的他可能在回婚礼结束前就离开人世了。后面站着的三个

《回婚礼图帖》的第五幅

人仿佛是在按次序等候敬酒。在回婚礼的最后，就像王室举行的进宴、进馔、耆老宴等宴会一样，来宾先向主人道喜与行大礼，然后再敬酒或饮品。在此期间，一旁的乐工们会演奏音乐，舞童或舞女则翩翩起舞。

《回婚礼图帖》中的建筑像是用尺子比照着画出来的一样，出场人物的服饰与动作都逼真生动。但遗憾的是，画册未标明这场宴会的主人公是谁，我们也就无从得知画出如此高水准画作的画家是谁，以及具体的绘制时间。从该画作运用了从中国传入的西式制图法来看，它有可能是 18 世纪初中期的绘画作品。此外，当时在位的英祖还作汉诗《御制回婚礼》来表达对回婚礼的祝贺之意，可见其非常重视王室与士大夫家族举办的回婚礼。《回婚礼图帖》也许就是在这样的时代背景下被创作出来的。

长子夫妇敬酒

现在让我们仔细看看这篇文章的主题——第三幅。老夫妇面前，一对男女跪在地上，举着盛满饮品的杯子（见图1）。朝鲜时代，在花甲宴或回婚礼上，来宾像这样用敬酒或饮品来祝愿主人公长寿的行为被称作"献寿"。从空座位来看，正在献寿的这对男女极有可能是老夫妇的长子夫妇。一名穿着绿色短袄的妇女站在西边，她会帮老夫妇传递酒杯（见图2）。

图1　　　　　　　　　　　图2

茶山丁若镛（1762—1836）仿佛目睹了这一切并创作了一首汉诗，即下文的《回卺宴寿樽铭》。

> 君子偕老，福禄脆之。黄发儿齿，亲结其缡。
>
> 维莫之春，昏以为期。率由旧章，莫不令仪。
>
> 君子好逑，和乐且湛。其旧如之何，匪今斯今。
>
> 鸳鸯在梁，室家溱溱。翙尔人矣，不思旧姻。
>
> 君子有孝子，酌之用匏。蹲蹲舞我，谓我劬劳。
>
> 献酬交错，言缗之绳。以祈黄耇，如冈如陵。

回卺宴是回婚礼的另一种说法，这里的"卺"指的是酒杯，更含有婚礼主要仪式之一的卺杯礼之意。在朝鲜时代，男女成婚时，新娘家的大厅或庭院里会设有被称为"大礼床"的"交拜床"，以它为中心，新郎站于东侧，新娘站于西侧。交拜礼上，新娘首先面朝新郎行四次礼，新郎再向新娘回两次礼。然后便举行卺拜礼。新郎与新娘相对而立，各饮三杯酒。因此，"回卺宴"这个词也蕴含了新郎新娘在成婚60周年之际再次交换婚礼时分享的酒杯的意思。

回婚礼的另一核心仪式是子孙或宾客向老夫妇表示祝贺，他们行完大礼后再敬酒或饮品。敬酒是从长子夫妇开始，然后是次子夫妇、出嫁的女儿夫妇等，按照年龄顺序依次进行。画作中还出现了尚未成婚的孙子们，他们在这之后献寿。一般来说，也有亲戚或宾客用汉诗替代祝贺之语。前文介绍的丁若镛的汉诗就是他参加回昏宴时献给主人夫妇的礼物。

象征祝贺的年糕堆与纸质花

现在让我们把视线转移到老夫妇的大桌上吧。虽然仅凭绘画很难确切获知上面放置了什么食物，但我们可以通过朝鲜时代的食谱中的制作方法来想象一下。

放在红色圆盘上的年糕堆看起来像是红豆甑饼（见图 3）。红豆具有驱魔辟邪的含义，因此红豆甑饼会被放在回婚礼桌子的中心位置。英祖时期，担任医官的柳重临 (1705—1771) 在《增补山林经济》中记述了甑饼的制作方法："如用白米一斗，则隔层豆，初不入盐，装入甑内蒸之。待气方上时，白盐和一碗半水，令咸味适宜。"此外，年糕堆的高度也与接受者的地位有关。因为老夫妇是回婚礼的主人公，所以他们圆盘上的年糕堆要高于来宾们桌上所摆放的年糕堆。

宴床前排的大碗里满满当当的食物似乎是沾有豆粉的粘切饼。朝鲜时代，糯米很珍贵，所以打糕的主材料是粳米。把煮熟的粳米饭放在案板（捶打年糕时用到的又重又宽的木板）上捶打数次直至出现黏性，所得到的就是粘切饼。当然，《增补山林经济》也提到用最好的糯米制作出来的粘切饼的味道会更好。按照该书的记载，"择取好粘米，以温水浸之，逐日换水，过四五日漉出。甑内烂蒸，板上打数百下，切作尺余大饼片，以大豆末为衣"。劲道有黏性的粘切饼蕴含着生命也有韧性的意思，是长寿的象征。因此，粘切饼是回婚礼宴席上不可或缺的存在。

光看绘画，我们无从得知除此之外的食物，但从白瓷碗、钵与小碟的摆放来看，湿菜肴与干菜肴应该置办得很均衡。在老夫妇的圆盘两侧的虎足盘上也摆着类似钵和小碟的器皿，这十有八九装的是用蜂蜜熬制的莲藕、人参、生姜等正果 ①，以及牛肉片、面条与小菜等。

一般来说，花甲宴的宴床上都会高高堆放年糕与各种正果、肉片。人们还会用晒干的章鱼与鲍鱼制成花或凤凰的模样，插在食物上以作装饰。但是在该画作中，堆放的食物只有

① 正果，即蜜饯。——译注

红豆甑饼，其他菜品都盛在钵或碗里。花甲宴的别称是"活着接受祭祀"，因为这仿佛是给在世的父母献上祭祀桌一样，献上了各种堆起来的食物与酒。但画作中的回卺宴与花甲宴不同，这是纪念婚姻的宴会，因此不会像准备祭祀桌一样置办很多堆起来的食物。

主人公老夫妇的大桌上的每道菜都插着红色的花朵。在朝鲜时代的宴会上，比起鲜花，人们更乐意选择用纸花作装饰，它们也被称为床花。在子孙及来宾的食物上，以及坐在前排的出席者的纱帽与云鬟上也都各插着一朵纸花（见图 4）。但这些花好像只提供给子孙与来宾们，干活的人的头上并未插花。

图3　　　　　　　　　　　　　图4

一般超过 30 岁才成婚的现代夫妇很难迎来回婚礼。不仅如此，对比起共同体，对更重视自身的现代人而言，那种家人、亲戚、村民都参加的旧式典礼并不具备与以前一样的意义。如今是典礼消失的时代，也许正因为如此，生动描绘了回婚礼场面的这一画册虽然让人感到陌生，但更能让人感受到家族共同体的情谊。

《打稻乐趣》
金弘道,《金弘道
笔行旅风俗图八
幅屏风》,
1778 年,
90.9×42.7 厘米,
韩国国立中央博
物馆藏品

第七章
打稻声中，饶有乐趣

从画作来看，身着上衣与裤子的五名男性正在努力工作。其中三个人一手抓着捆住稻捆的草绳，另一只手抓着从绳结处长垂下来的绳子，正要朝地上的圆木砸去。其中两个人共同使用一根长圆木，另一个人则独自使用另一根圆木。秋天到了，沉甸甸的稻子垂下来，农夫们会用镰刀割下稻子做成稻捆。秋收之后，就要像绘画中的场面一样，把稻子的颗粒抖落下来，收获稻谷。这件事被称为"打作"，而脱谷的行为也被称为"打稻"。因此，这幅画的主题正是打稻，也就是打作。

打作的三个人中，右边的人顶着一头蓬乱的头发，应该是未婚小伙子。中间的人盘着发髻，似乎已经结了婚，但因为是下人不是士大夫，所以发髻上什么都没有。左边的人为了不让头发沾上稻草，戴了粗布头巾。在画作的最右边，一名绾着发髻缠着粗布头巾的男性正用绳子把要给打稻的三个人的稻捆捆起来。最左边也有一个同样发型的男性，他正在用荆条制成的扫帚打扫稻穗。

打稻的核心工具——"打谷架"

现在，农村会使用联合收割机等机器处理水稻农事。但直到 1970 年，大部分农民还是靠人力收割水稻。到了白露，即阳历 9 月 8 日前后，稻穗变得饱满。此后的 40 天内，也就是阳历 9 月 23 日前后的秋分至 10 月 8 日前后的寒露之间，是割稻的最佳时节。割稻的劳动强度非常大，邻居与亲戚之间需要相互交换劳动力，挨家挨户轮流收割。盛夏天长，而到了秋收时节，白天的时长会肉眼可见地缩短，有时碰上下雨，场面就会变得十分狼狈。因此，人们就算熬夜，也会尽可能快地完成稻谷收割。人们用镰刀收割稻谷，再扎成男性拳头大小的一束，每二十束被捆为一捆，立在农田上晾晒 20 天左右。接下来就是进行打作。

在朝鲜时代，打作的方法主要有两种：一种是用像梳子的工具把稻穗捋下来；另一种是把稻捆摔向石头或木头，使稻穗脱落。用来捋稻穗的农具叫作"捋稻夹"，通过在两根树枝之间弄出缝隙制作而成，形状像镊子。"捋稻夹"这一名字似乎源于"捋"这一单词。① 捋稻的过程是把少量的稻捆放到树枝缝隙中捋脱稻穗，虽然降低了稻穗四处飞溅的风险，但很难一次性大量脱粒。

工作量大的时候，就会像画作描绘的一样，通过用力把稻捆砸向地面的方式来使稻穗脱落。这时候所使用的石头称为"脱粒石"，木头称为"打谷架"。据说是丁若镛的次子丁学游（1786—1855）创作的《农家月令歌》九月篇中描述了打作的情形：

> 时维季秋为玄月，寒露霜降是二节。（中略）草木黄落菊香泄。
> 豺乃祭兽蛰虫颓，野场家场事方多。水田获藉旱田打，冢稌枣稻坼背禾。

---

① "捋稻夹"的韩语为홅태，"捋"的韩语为훑다，读音相似。——译注

豆粟堆庭高于屋，断苗种子另置谋。①

　　在画作中，人们只是简单地使用两根放在地上的圆木头（见图1），但现实中，制作良好的打谷架会在保持两根原木之间留有缝隙的情况下把两者连接起来，还会加上四条腿。其中大型打谷架会将四五根横向并排的大木头捆绑在一起，这样一来就能供好几个人站在不同的方向捶打稻捆。打谷架适用于打作大量稻捆，因为它在连接木头的同时，还能让稻穗都脱落到缝隙里。

　　像这样，用打谷架来打作的行为被称作"打谷"。用打谷的方式来给稻谷脱粒的话，稻穗十有八九会飞溅得很远，因此屋中或室外要留有宽阔的打作场。如果没有单独的打作场，人们会在村子里腾出公用空间。打作场的制作方法是挖出田土均匀铺在庭院中压平压实，接着洒上水，铺上草席，最后再踩平。偶尔制作大型打作场时，村民们会全部聚在一起，一边玩耍，一边踩实地面。打谷场必须像滑石一样光滑，只有这样，脱落出来的珍贵谷粒才不会混入泥土或沙子里。画作下方的男性大概是担心石头会混入稻谷里，正垂下眼睑扫视地面（见图2）。

---

① 诗歌原文为谚文，此处采用金迵洙《啸堂风俗诗稿》（韩国国立中央图书馆藏本）中的汉译版本。——译注

图1   图2

"打稻乐趣"

这幅画作是金弘道（1745—？）的作品，他的老师姜世晃（1713—1791）曾称赞他："自幼治绘，无所不能。至于人物山水，仙佛花果，禽虫鱼蟹，皆入妙品。比之于古人，殆无可与为抗者。"由此可见金弘道绘画素材的多样性。

实际上从流传至今的金弘道的画作来看，姜世晃的评价不差分毫。金弘道是18世纪朝鲜最优秀的画家，他从七八岁起就出入被称为诗、书、画三绝的姜世晃门下，从而学习绘画。在老师的举荐下，金弘道在十多岁时便成为负责山水画、记录画、地图等绘画工作的图画署画员，1773年（朝鲜英祖四十九年），年仅28岁的金弘道绘制了英祖的御真与王世孙正祖的肖像。

现在我们看到的画作是被后世学者命名为《金弘道笔行旅风俗图八幅屏风》中的一幅。1778 年（朝鲜正祖二年）初夏，年满 33 岁的金弘道在既是画员前辈，也是中人出身的画家姜熙彦的家中创作了此画。所谓"行旅风俗图"，指的是以士人游览世间时遇到的各种场面为素材创作出来的画作。该屏风八幅图中汉字标题及主题如下：

1. 路上讼事

2. 路边冶炉

3. 津头待渡

4. 卖醢婆行

5. 过桥惊客

6. 打稻乐趣

7. 路上风情

8. 破鞍兴趣

事实上，这些标题并非由金弘道亲自命名，而是引自老师姜世晃写在每幅画上方的汉诗评语。那么，我们读一下姜世晃在《打稻》画幅上端写的汉诗吧（见图 3）。

图3

打稻声中，

浊酒盈缸。

彼监获者，

饶有乐趣。

取诗中的开头两字与最后两字，拼在一起，将该画作命名为"打稻乐趣"。姜世晃为了让世人知道这是自己写下的文字，把自己的号加上"评"——"豹菴评"与落款留在画上。因此，这幅画可以说是由金弘道的绘画与姜世晃的汉诗组成的弟子与老师的合作作品。

坛子里装满浊酒

让我们把目光投向姜世晃的汉诗的下方。大松树后面有两座瓦房（见图4），用荆条做成的大门的左边有两间草房，右边有一间草房。这些草房看起来是打谷的下人们的住所。回家的路是石头路，以此与打谷场区别开来。

其前方坐着一名被姜世晃描述为"彼监获者"的士大夫（见图5）。他头戴宽檐纱帽，也许是天气冷，他戴着的防寒帽从头延伸至脖子。在朝鲜时代，防寒帽中"挥项"的长度足以盖住头部与肩膀，但图中监督者所戴的挥项看上去并不长。他身穿长袍，挺直腰板，盘腿坐在稻草席子上。姜世晃可能是因为看到他神情严肃地握着扇子，所以认为他是监督者。

图4　　　　　　　　　　　　图5

但姜世晃为什么说"饶有乐趣"呢？大概是因为这个人是即将把收获的稻穗带走的农田主人，即地主。他身前放着坛子、酒杯与食篮。姜世晃认为坛子里装的是米酒，也就是浊酒，食篮里装的则是下酒小菜。对地主而言，秋收时节收获稻谷是巨大的喜悦，那对画中正在打谷的下人来说也是如此吗？即使大部分收成要被主人拿走，他们也很难说出一句抗议的话。如果其中有佃户，那他也许能把稻穗的十分之一拿回家。朝鲜后期，贫富差距日益严重，极少数的地主甚至成为"千石户"，饱食暖衣，但大部分农民却不得不忍受饥寒。

姜世晃是高官辈出的士大夫家族的后代。但这句话并不意味着他只站在统治阶层的立场上。他的兄长姜世胤（1684—1741）在 1728 年（朝鲜英祖四年）受"戊申乱"（由反对英祖即位的李麟佐、郑希亮等少论与部分南人势力所主导的叛乱）牵连而被流放，随后姜世晃的家境一落千丈。最后，姜世晃从 1744 年开始，约 30 年间一直蛰居在现在的京畿道安山。

正如姜世晃自称的"胸藏二酉，笔摇五岳"一样，他在学问与艺术方面造诣颇高，但由于贫穷，长期以来壮志难酬。在这样的生活背景下，姜世晃看着弟子的画作，大概是在慨叹

18 世纪朝鲜的贫富差距与不合理，用讽刺的口吻来描述地主"饶有乐趣"吧。金弘道或许也是因深知姜世晃的心情，所以才在画作的下方画了两人一边看着打谷现场，一边窃窃私语的场面（见图6）。

图6

《水耘馌出》
金弘道，《风俗图八幅屏风》，1795 年，
100×39 厘米，
韩国国立中央博物馆藏品

第八章
辛苦锄禾之余，
来一顿丰盛的加餐吧

在画作的下方，三个人正沿着田埂走路。其中一名男性身着上衣，把粗布裤子的裤腿挽到膝盖，肩上背着背架，手拄拐杖走在前面。短腿背架里好像装了不少东西。为了阻隔灰尘，背架上盖着白色的棉布包袱皮，由此看来，里面装的应该是食物。跟在他身后的妇女头上像戴帽子一样顶着一张小桌子，桌子上还搁着竹筐。箩筐里放着一个陶坛与包括沙钵在内的五个瓷碗。妇女后面还跟着一个头发蓬乱的孩子，他怀里抱着一个大的陶坛。

如果我们把视线转到对角线方向，会看到七名农夫把裤子挽到膝盖处，埋头在田里干农活。其中两人戴着竹编斗笠。最右边的农夫戴着农笠，舒展腰身，仔细端详右手握着的锄头。视线再往上，四名农夫深深弯下腰，正在工作。

农田之间的小路上，一位老人头戴程子冠（17 世纪以后成为朝鲜士大夫们所戴之帽。北宋的程子首次开始戴，因此得名），右腿边搁着旱烟袋，正盯着劳作的农夫们。从坐在粗布遮阳篷下躲避烈日的架势来看，他应该是这片农田的士大夫地主。他身旁的书桌边坐着一个看上去像是他孙子的孩子，正在大声读书。这位士大夫爷爷似乎是正在准备科举考试的孙子的课外老师。

从耕地到锄禾

这幅画作完成于 1795 年（朝鲜正祖十九年），50 岁的金弘道时任忠清道延丰（现忠清北道槐山郡延丰面）的县监。与 1778 年的"行旅风俗图"，即《金弘道笔行旅风俗图八幅屏风》相比，金弘道使用了更多的山水画技法，这可能是因为成为使道①的金弘道比以前更倾向士人的画风。不仅是画风，画

① 使道，一般百姓对下级官吏的称呼，或是对自己辖区官员的尊称，也是将卒称呼主将的用语。——译注

作的主题也与 1778 年的不同。学者们为了与 1778 年的"行旅风俗图"相区分,把这一屏风命名为《风俗图八幅屏风》。八幅画的主题如下:

1. 津头过客
2. 春日牛耕
3. 水耘饁出
4. 马上听莺
5. 海岩打鱼
6. 路傍垆婆
7. 茅亭风流
8. 官人远行

我们现在看到的画作是《风俗图八幅屏风》的第三幅。其实画作上并没有标题,但学者们给它取名"水耘饁出",意思是"锄禾劳作时送去的饭食"。劳作的农夫、监视的地主、送饭的人被巧妙地安排在画作中,就像一张照片。

在朝鲜时代的农事中,稻作生产是最为重要的。当时人们最愿意用来填饱肚子的粮食是大米。此外,人们能够用稻谷缴纳税金与购买其他物品,所以稻谷无异于金钱。因此,拥有田地的地主热衷于让仆人或佃户种植稻谷。

稻作生产中最辛苦的事情是耕地与锄禾。耕地是把准备了整个冬天的肥料施于牛耕的土壤中，这是一件需要把在冬季囤积的力量用掉大半的事情。耕完地，到谷雨（阳历 4 月 20 日前后）时，人们会往秧田里撒稻种，一年的农活由此正式开始。

但稻种撒得好并不能保证这一年会获得丰收。随着水稻的生长，周围同时会长出马唐草、箭头草、菰草、稗子、眼子菜等杂草，因此需要随时清除。一般来说，夏至（阳历 6 月 21 日前后）前后进行第一次锄禾，15 日后的小暑（阳历 7 月 7 日前后）前后进行第二次锄禾，此后如果不随时锄禾的话，杂草就会夺走土地的营养，妨碍作物的生长，导致收成减少。在烈日炎炎的盛夏，杂草肆虐，为害稻谷，农夫们只能一整天蹲守在农田里。

加餐来了

画中农夫拿着的锄头明确地告诉人们，这幅画描绘的正是锄禾的场面（见图 1）。农夫锄禾时主要使用的工具是锄头。农夫们把锄禾时使用的锄头称作"三角锄头"，它的嘴比其他锄头更尖利，铲土和推拉时，泥土更容易被翻动，因此很适合锄禾。画中的锄头也是如此。锄禾可以用汉字写为"耘""耨""锄秽"，其中"锄秽"的意思正是"用锄头清除杂草"。

图1

第一次锄禾时的酷暑尚且可以忍受，但是，第二次锄禾正值阳历7、8月的伏中时节，天气炎热且漫长，再加上工作时间短则十天，长则一个月，身体再好的人，经历了第二次锄禾劳作后，也会变得形容枯槁，骨瘦如柴。农夫们甚至把第二次锄禾的劳动强度形容为"后背贴地"。

因此，农夫们在锄禾时会焦灼地等待加餐时间。冬天一般只进食两顿就能坚持一天，但到了锄禾季节，即使进食五顿，他们也不会感到饱意。我们可以推测，画中的男人、妇女、孩子带来的东西都是食物与酒。带路的男人的背架上应该放着农夫们的饭菜（见图2）。农夫们的加餐不用太丰盛，一碗饭里只要有一两种咸味的菜就足够了。而且这也方便他们各自拿着一个大碗把饭吃完。在金得臣、金弘道、赵荣祐等人所绘的农夫食用午餐的场面中都能看到这种景象。他们的画作全都像照片一样栩栩如生。跟在背着背架的男人身后的妇女拿来了监督锄禾的士大夫地主及其孙子的饭菜。妇女头上顶着的矮腿小桌是为这位大人准备的，箩筐里的陶坛中似乎盛着搭配饭菜的清酒（见图3）。

图2

图 3

加餐之最，浊酒

跟在妇女身后的孩子抱来的坛子里应该装着浊酒（见图4）。浊酒是农民喜欢饮用的酒，甚至被赋予"农酒"的别称。《东亚日报》1939年1月15日第4版刊登的黄龙南《农军之歌》强调了浊酒是农民的酒。"好啊！我们的名字叫农军，清澈的酒太烈，饮用后酒意在身体里蔓延。而浊酒醇和，饮用后会心情明媚。把陶罐斟满吧！饮用到手舞足蹈吧！唉嗨，我们的名字叫农军。"这里"清澈的酒"指的是清酒。画中士大夫地主饮用的酒应该是清酒。清酒性烈且价格昂贵，因此也被称为"士大夫之酒"。

图 4

《加餐》
赵荣祐，《麝脐》，18 世纪初期，20.5×24.5 厘米，私人藏品

浊酒价格便宜，质地醇和，农民很喜欢饮用。酿造浊酒的主要材料是下等粳米，甚至是磨碎了的米粒。朝鲜时代，小麦酒曲非常珍贵，所以酿造浊酒时用的是大麦芽制成的大麦曲。

《午餐》

传金弘道，《檀园风俗图帖》，19 世纪初期，28×23.9 厘米，韩国国立中央博物馆藏品

酿好的酒里还混有废弃的酒糟，所以饮用一杯浊酒就相当于吃

下一碗饭，肚子会鼓胀。而且如果倒入大量的水将其加热，酒

《加餐》局部
金得臣，《风俗八曲屏》，1815 年，94.7×35.4 厘米，湖岩美术馆藏品

的度数不高，也就不会对接下来的劳动造成妨碍。这样一来，浊酒填饱了农夫们因辛苦劳作而饥饿的肚子，重振他们涣散的精神，成为加餐中不可或缺的美食。

但随着时代的变迁，浊酒的酿造材料和地位也发生了变化。20 世纪 60 年代，政府以大米不足为借口禁止了大米浊酒的生产，这自然催生了小麦浊酒。20 世纪 80 年代之后，稻谷的连续丰收使大米浊酒得以重新生产，但依靠各种农业机械、化肥和除草剂来耕作的农民在劳动的间隙无须通过饮用浊酒来消除劳动的辛苦。在这个时代，浊酒也不再是农民之酒了。

《路傍垆婆》
金弘道，《风俗图八幅屏风》，
1795 年，100×39 厘米，
韩国国立中央博物馆藏品

第九章
坐在路旁饮下一杯酒，
回忆使道

在冒出新叶的树木之间，石碑以一种炫耀姿态矗立着。一名头戴连帽披风的妇女正经过下方的道路，她抱着孩子，一脸羞涩地坐在黄牛背上。她的身后跟随着一名看上去像是她丈夫的男性，他头戴纱帽，身穿长袍，背着一个包袱。从纱帽带上挂有装饰物这点来看，他应该是社会地位较高的士大夫书生。

在他们的前方，两名男女伸长腿坐在路上，目光流转。梳着云鬟的妇女看上去像是身份低下的"酒媪"，酒媪指的是收购瓶装酒再拿去贩卖的游荡妇女。她的旁边，身着纱帽与长袍的书生正用一杯酒和她戏耍。

让我们来观察一下画作上方。左侧隐约可见红箭门（立于官衙、王陵、王室墓园等正方的红漆木门），右侧可见好几座八角屋顶的瓦屋。石头砌成的城郭环绕着这些建筑，城墙上突起的瓦片看起来像是城的南门。南门外，一位士大夫似乎刚结束官衙的工作，踏上回家之路。他把包袱放在牛背上，正打算过桥。而在桥对面，另一名带着仆人的士大夫男性正朝南门走去。石碑后面，一名背着包袱的旅客头戴斗笠，手持拐杖，迈着沉重的步伐朝着南门移动。出入被城郭环绕的官衙的人看上去都非常忙碌。

大邑治里久负盛名的酒

这幅画是金弘道的《风俗图八幅屏风》的第六幅作品，上文介绍的《水耘馌出》也在其中。这幅画作的主人公是在路边守着酒缸的老妪。老妪把荆条编制的凉席铺在路上，盘腿而坐，左手抱着瓷碗，右手拿着勺子（见图1）。勺子已经放进"垆"（酒缸）中。

老妪舀起的酒是什么酒呢？从酒缸是陶缸，用勺子来舀这点看来，应该是被称为"清澈的酒"的清酒。其中，酿好酒醅，等酒成熟后再重新放进主料与酒曲酿造而成的清酒就是所谓的"二酿酒"。舀清酒的时候要注意不能碰到沉底的酒糟，因为稍有不慎，清酒就会变成浊酒。

我们再仔细观察一下画作。老妪坐的位置上方，矗立着三座石碑（见图2）。其中只有中间那座石碑被树挡住了字迹，其他两座石碑上的字都清晰可辨。左边的石碑刻着"牧使李公善政碑"，右边的石碑刻着"观察使金相公永世不忘善政碑"。右侧的石碑上端还精雕细刻了龙纹的华丽螭首。

图1   图2

由此可知，画作中的城郭是观察使或牧使所在的官衙建筑。观察使是国王派到各道负责地方统治的地方最高长官，牧使是负责管理道以下的行政单位"牧"的正三品官吏。在朝鲜时代，地方守令的官衙所在地被称为"邑治"。在邑治中，像画中这样，以围绕的城郭作为军事警戒线的地方大部分是观察使或牧使所在之处。

清明酒被认为是清酒之最，以清明酒闻名的地区都是被城郭包围的邑治。李圭景（1788—?）在《五洲衍文长笺散稿》中指出，闻名全国的清明酒要数平壤的甘红露、韩山（今忠清南道舒川郡韩山面）的小曲酒、砺山（今全罗北道益山）的壶山春、洪川（今江原道洪川郡）的白酒。

以甘红露闻名的平壤是朝鲜时代管辖西北地区的平安监司，即观察使所在之处。甘红露的制作过程与一般的清明酒几乎无异，区别仅在于，酿造甘红露会在酒差不多发酵的时候，把装有龙眼肉、陈皮、防风、丁香的锦缎袋子放进酒缸里。由于它味道甘甜，颜色泛红，故得名"甘红"。

以小曲酒（即小麦酒）闻名的韩山是朝鲜时代科举及第者辈出的邑治。现在韩山会把小曲酒叫作"素曲酒"，变成这样大概是为了发音方便。1979 年，金永慎介绍的韩山素曲酒制作法被认定为忠清南道第 3 号非物质文化遗产，其制作过程如下：首先把大麦放进水中浸泡一小时左右，待泡发后用石磨碾细，装进模具中制作成酒曲，再放到暖炕的炕头里发酵 20 余天。取出后在夜露中放置两天左右，以消除酒曲的气味。将这样酿好的酒曲放进水里化开，提取出酵素，再把这个萃取液与稀粳米粥混合，制成酒醅。把糯米蒸成饭，冷却后与酒醅混匀，装入大缸。接着，加入三合麦芽糖粉、十根辣椒、十块姜与一撮野菊干，用高丽纸封住缸口，盖上盖子，蒸煮 100 天左右。100 天后打开酒缸就会看到箸尖黏附着黏渍渍的金黄色酒液。

砺山位于全罗道与汉阳之间的分岔路口，它也是邑治。砺山的另外一个名字叫作"壶山"，壶山春的"春"在此处指代"酒"。换言之，在壶山酿制的酒就是壶山春。它的酿造方法是，制成酒醅 13 天后加入酿酒饭，放置 13 天后再次加入酿酒饭，因此属于"三酿酒"。最后，位于江原道与汉阳之间分岔路口的洪川的"白酒"因色泽透明而得名，是清明酒的别称。正如画作所展示的一样，李圭景介绍的全国闻名的清明酒似乎抓住了出入观察使或牧使所管邑治的人们的口味。

地方名酒，清明酒的酿造

17 世纪居住在今京畿道安山的李瀷（1681—1763）培养了众多弟子，他把清明酒视为自己最喜欢的酒。同时，他还记下了堂兄李溍告知的清明酒的酿造法："春月清明时，糯米二斗，百洗浸水三日。别用糯米二升，同日浸洗。先盝作末和水二斗，煮成淡粥候冷。入良曲另末一升，小麦末二升，以东桃枝搅均，经三日。"

李瀷没有特别说明为什么要用桃枝来搅拌粥。只是当时的人相信向东生长的桃枝能够驱散厄运，用它可能是出于希望酿出佳酿的心理。

李瀷继续写道："待其成酵，筛过去滓。禁绝生水入瓮中。乃拯二斗米，饎馏为饭，乘热同入瓮中。置于凉处，只御寒冻。亦禁日光透照。经三七日始熟，味极甘烈。"

无论是李瀷介绍的二酿酒还是李圭景选出的壶山春三酿酒，在清明时节酿造的清酒都是清明酒。酒徒们只要饮用一口甘醇的清酒就停不下来，直至烂醉如泥。人们把这样的酒称为"瘫坐酒"。

朝鲜时代依靠郡县制来管理地方，很快形成了以行政组织为中心的邑治，居住在地方的人主要是在官衙工作的地方中人与奴婢。仅在平壤、松都（今开城）、大邱、全州等地才有几处民宅，与今天城市里商铺林立的商业区氛围大相径庭。曾是地方守令的观察使或府使、牧使、郡守、县令、县监等作为国王的代理人，掌握地方的一切权力。因为地方守令掌握行政、司法、军事等所有权力，所以不管是士大夫还是普通百姓，人们出现任何问题或矛盾，都一定要去找他们。画中的过客是否就是这样去了一趟官衙后，从南门出来，在回家路上被酒媪递过来的清明酒绊住了脚步，烂醉如泥了呢？
（见图3）

图3

《江边会饮》
金得臣，18 世纪后期，22.4×27 厘米，
涧松美术馆藏品

第十章
鲻鱼登上渔夫的午餐桌

人们把船拴在江边，一同坐在柳荫下。在他们围坐的位置正中央摆放着一个盘子，盘子里躺着一整条鱼。其中一个人正把筷子伸向鱼，而另一个人已经用筷子夹起一块鱼肉放进了嘴里。他们两侧的男子也在瓷碗里夹着些什么东西。

背身而坐的孩子看着大人们食鱼的模样，左手端着一个小瓷碗。围坐在一起的四人后面还坐着两名大人。坐在船边的人左手拿着酒瓶，右手举杯把酒一饮而尽，享受甘醇的味道。另一个人可能已经填饱了肚子，正抱膝坐着，默默地看着他们。躲在柳树后的一个孩子正注视着坐在大人中间的另一个孩子。

从船是捕鱼船这点来看，画中登场的六名大人都是渔夫。但船体狭小，所以让人怀疑他们能否全部乘坐上去。船尾盖着竹制大棚，为防止大棚被风吹走，棚顶上还放有沉重的石块。五只苍鹭颤巍巍地停驻在船侧的竹竿上，时而飞来飞去。

18—19世纪的画员世家，开城金氏家族

　　这幅画的作者是活跃于正祖年间的金得臣（1754？—1822）。但凡对朝鲜后期风俗画有一点兴趣的人，都知道金得臣、金弘道、申润福并称朝鲜三大风俗画家。如果说金弘道绘制的是可以媲美记录画的具有严谨结构的风俗画，那么金得臣则是努力把诙谐融入人们的日常生活情景中。这幅画也是如此，登场人物的行为与视线各不相同。另外，画中躲在垂柳后面注视着他们的小孩的样子显得尤为有趣（见图1）。

图1

金得臣所属的开城金氏家族在 18 世纪中期以前是胥吏、医官、译官等技术中人辈出的家族。自金得臣的伯父金应焕（1742—1789）首次成为图画署的画员以来，这个家族连续三代培养出了多名画家。金得臣的家族之所以涌现出这么多画员，是因为开城金氏从金应焕开始就与当时有名的画员家族结成姻亲关系。金应焕的夫人出自仁同张氏，金应焕的弟弟金应履（？—？）的夫人出自新平韩氏。仁同张氏与新平韩氏是当时培养出最多画员的家族。金得臣是金应履的大儿子，在这种环境下出生长大的他也许只能走上画员之路。不仅金得臣，他的弟弟兼金应焕的养子金硕臣、幺弟金良臣全都是画员。

金得臣首次以画员身份出现的文献是 1772 年（朝鲜英祖四十八年）编纂的《毓祥宫谥号都监仪轨》。近代书法家吴世昌（1864—1953）在《槿域书画征》中提到金得臣生于 1754 年（朝鲜英祖三十年）。也就是说，年仅 18 周岁的金得臣已经成为画员。考虑到他伯父金应焕的出生年份是 1742 年，吴世昌称金得臣出生于 1754 年的记录令人惊讶，但即便如此，我们无法否认金得臣从幼年开始就在图画署担任画员这一事实。

《金得臣笔八枝图》局部
金得臣，18世纪后期，各107.9×29.1厘米，韩国国立中央博物馆藏品

　　相较于非凡实力与名气，金得臣的画作却没有多少留传于世。有人认为，这是因为他主要参与王室活动的记录画工作，很少接受个人的委托作画。后世的学者们认为，金得臣的早期作品与山水画受到了郑敾（1676—1759）的弟子沈师正（1707—1769）与金应焕的影响，而人物画与风俗画则是受到了金弘道的影响。实际上，他的伯父金应焕与金弘道非常

亲近。因此，金得臣从小就有很多机会见到金弘道，自然也很有可能接受过他的绘画指导。只是金得臣的风俗画的空间更宽阔，笔触松散纤细，比金弘道的作品更细腻纤弱。

"超群之鱼"：鲻鱼（숭어）

我们再来观赏一下金得臣绘制的《江边会饮》。首先，从画中苍鹭飞来飞去的情形来看，时间应该接近夏天（见图2）。苍鹭是在朝鲜半岛全域繁殖的夏季鸟类，一般生活在湿地或江边，靠捕食青蛙或鱼为生。现在因为环境污染，苍鹭的繁殖地甚至被指定为天然纪念物，所以很难见到其身影，但过去并非如此。从人们的衣着打扮来看，应该刚过夏季。因此，这幅画描绘的是夏末来到江边捕鱼的渔夫们食用加餐的场景。

图2

那么他们食用的是什么鱼呢？（见图3）从鱼的大致形态来看，是鲻鱼的可能性很大。生活年代早于金得臣，在英祖时期担任医官的柳重临在《增补山林经济》中提到"鲻鱼自八月至明年二月可食，余日不佳"。此外，百科全书对鲻鱼的长相做了如下描述："鲻鱼头顶扁平，上颌比下颌稍短，圆鳞大，体背青灰色，腹部银白色，体长达到80cm。"描述的似乎正是画中的鲜鱼。因此，画中渔夫们很有可能是在夏末，即阴历八月前后食用捕捉到的美味鲻鱼。

图3

　　"숭어"的汉字可以写作"鲻鱼""水鱼""秀鱼"。其中，表示"超群之鱼"意思的"秀鱼"之名被使用得最为广泛。除了味道出色外，以泥为食的鲻鱼对脾胃特别好，所以作为药材也是首选。每到阴历四月前后，属于海鱼的鲻鱼为

了产卵，会经常出现在大海与河流的交汇处，偶尔还会逆流而上。

鲻鱼的烹调法

那么画中的人们是如何烹饪鲻鱼的呢？针对鲻鱼的烹调，柳重临在《增补山林经济》中写道："此鱼甚益人，汤、脍、炙及盐藏，无所不宜。"从画作来看，他们做的并不是汤，且鱼的形态被原封不动地保留了下来，所以也很难说是制成了脍。如果这条鲻鱼是刚抓上来的，那烤制的可能性比较大，但如果是出门前就准备好的，那就有可能是用盐腌渍晒干后，再用水蒸气蒸制而成的菜品。

我在金得臣生活年代前后的文献里找不到烤鲻鱼的烹调法。不过，初刊于1924年，后来又多次重印的人气书籍《增补朝鲜无双新式料理制法》记录了名为"鲻鱼炙"的烹调法。"大鲻鱼口感佳于小鲻鱼，若以黄姑鱼烤炙之方烤鲻鱼，其味佳于黄姑鱼，带皮烤炙亦味佳。"此处提到的"带皮烤炙亦味佳"的话语耐人寻味，因为画作也如实地描绘出了鲻鱼的鱼皮。在朝鲜时代的烹饪书里，烤鱼的方法一般是用竹签贯穿鱼嘴至鱼尾，插在火炉边，让鱼受热烤熟。但是从画中鱼嘴与原来的样子几乎无异来看，它似乎并非烤制的。

实际上比起烤鱼，18、19世纪的人们更擅长蒸鱼。先掏出鲻鱼的内脏，再用流水冲洗干净。用盐调味后放置一天左右，过筛后再放到阴凉处晾干。如果把晾好的鲻鱼放到锅上的蒸笼里用文火蒸制，那即便变凉，味道也还是一绝。当然，正如"鱼头肉尾"这一谚语所言，鱼头最为美味，所以绝对不会被摘掉。

如果是盐渍晒干的鲻鱼，那它就不会是刚捕捞上来的鱼。画中的渔夫们出门之前，他们的妻子已经蒸好鲻鱼，准备好饭菜，把酒装进坛子里。两名渔夫面前摆放着盛满米饭的大碗。蒸鲻鱼经过盐的调味，味道咸津津的，用来下饭最合适不过。这一切虽然只是一种猜想，但无论蒸烤，鲻鱼必然是渔夫们加餐中的主人公。

2001年，我在高阳市幸州外洞见到了几位年过八十的渔夫，从他们那里听到了殖民地时期汉江流域的渔业生产情况。那时，我想起了金得臣的《江边会饮》。据他们说，当时每逢阴历四月，就是幸州渡口捕捞鲻鱼的旺季，虽然也有普通垂钓，但为了大量捕获，人们主要还是使用渔网。

但因当时的渔网是用丝线编织而成的，不像今天的尼龙材质，所以耐久性很差，形状也极其粗糙。为了能在水面上辨别游进渔网的鱼类，人们会每隔约 1.8 米系上梧桐木浮标，即浮子，浮标之间还会悬挂用栓皮栎树皮制成的浮球（用来支撑渔网或钓鱼线浮出水面的渔具，也被称为"渔网漂儿"）。在渔网的下端，人们会用泥土而不是铅块制成渔网坠（用来使渔网或钓鱼线沉向水底的渔具，也被称为"沉子"）。渔网坠的制作方法是，把淤泥捏成栗子或松糕的形状，再用筷子在两侧划出凹槽，最后用柴火烤制定型。这样制成的渔网的网眼宽度大概是 4.5 厘米。然而金得臣的画作并没有描绘出渔网。还不是鲻鱼成群结队出现的季节，所以人们用竹竿钓鱼也足够了吧？

《奉寿堂进馔图》
金得臣等，
《华城陵幸图屏》，
1795 年，
151.5×66.4 厘米，
韩国国立中央
博物馆藏品

第十一章
举行惠庆宫花甲宴，
祈愿长寿

1795 年（朝鲜正祖十九年）阴历闰二月十三日（阳历 4 月 2 日），正祖之母——献敬王后惠庆宫洪氏（1735—1815）的花甲宴在华城行宫（国王出游时所住的别宫）的奉寿堂举行。让我们仔细观察一下这幅详细记录了宴会情形的画作吧。

正祖为了祝愿母亲惠庆宫长寿，将建筑命名为"奉寿堂"，并亲自题写了匾额。画作中最上方的建筑就是奉寿堂。内院铺有与大厅地板高度相同的木地板，东、西、南侧围着隔断。通往大厅的门有五扇，其中最右边的房门正敞开着。房间里四周环绕着画有十长生的屏风，只在门的方向留出了缺口（见图1）。这里是当日仪式的主人公惠庆宫洪氏所在的位置。然而，因为不能把国王的母亲画入画中，所以不仅人物，连宴床、铺在地上的莲花纹坐垫都被省略了。从大厅出来，我们把视线转至画作最左边的墙垣之下。从地上放着豹皮坐垫来看，此处是正祖的座位，画作同样没把他画出来（见图2）。正祖的位置周围围着屏风，他的前面放着3个红漆圆盘。其中，中间的宴床比左右的宴床小，上面摆放着的饭菜种类也少。在桌子前方，四名身着礼服的内人或站或跪。他们头上插着红色的纸花——首拱花。

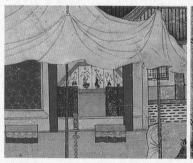

图1   图2

1795 年 4 月，正祖赴新城市——华城的原因

正祖比朝鲜时代的任何一名国王都更常行幸，即到宫殿外出游。在位 24 年间，他共行幸 66 次，平均每年近 3 次，其中大半时间是去参拜位于华城侧边的父亲思悼世子（庄献世子，1735—1762）的陵园显隆园。正祖想通过这种频繁的行幸来表达对含冤而死的父亲的怜悯，以及对一生吃尽苦头的母亲的孝心。

1795 年对正祖而言是非常有意义的一年。一方面，这一年是正祖即位 20 周年；另一方面，祖母贞纯王后（英祖继妃，1745—1805）年满 50 岁，即进入望六之年。最重要的是，父亲思悼世子与母亲惠庆宫洪氏迎来了花甲之年。事实上，逝世的父亲的生日是阴历正月二十一日，昌德宫的景慕宫里已经为此举行了祭祀，而惠庆宫洪氏的生日是阴历六月十八日，花甲当日也在昌庆宫的延禧堂举办了正式宴会。正祖择定父亲与母亲生日之间的阳历 4 月（史料原为阴历，但为让读者感受到季节，此处已转换为阳历，下同）举行惠庆宫洪氏的花甲宴，似乎想在自己费心建成的新城市——华城向天下宣告新的梦想。

3 月 29 日，正祖带着母亲从昌德宫出发，在位于今首尔市衿川区的始兴行宫住了一夜。翌日（30 日）傍晚时分，他们抵达了提前建好的华城行宫。31 日，正祖参拜了乡校，在华城行宫分别主持了文科与武科的科举考试。4 月 1 日，他侍奉母亲参拜了显隆园，同一天下午登上西将台（方便将帅指挥而建的高台），观看昼夜训练直至第二天凌晨。4 月 2 日早上8 点开始，正祖在奉寿堂为母亲举办了花甲宴。

1795 年以干支纪年是乙卯年，所以这次出行被称为"乙卯园幸"。正祖命人整理了本次仪式的详细流程与内容，并编纂成册。在园幸结束后约一年的 1796 年阴历三月，整理所刊行了《园幸乙卯整理仪轨》。仪轨不仅详细记录了正祖决定乙卯园幸的过程、准备内容、路线、仪式步骤、参加者等，还收录了描绘仪式所使用的舞蹈与器物等的"图式"，让人通过图画便能了解仪式的全貌。

另外，正祖还命令金得臣等 7 名画员用彩色画的形式记录下主要场面，制成八幅屏风。其数量是大型屏风 16 座，中型屏风 5 座。其中几座屏风流传至今，人们可以通过仪轨的记录与这几座屏风，像欣赏照片一样想象当时的仪式场景。

惠庆宫的奉寿堂花甲桌

如果遇到国王、王妃的生日中有特别意义的日子，宫中都会举办盛大宴会。按规模大小，大型宴会被称为"进宴"，小型宴会被称为"进馔"。一旦举办进宴与进馔，宫中一定会制作仪轨，记录仪式的全貌。仪轨囊括写有食物种类、材料、分量与纸花的种类、模样、个数的"馔品"；写有装食物的碗碟及宴床等物品种类、活动用到的所有器物的种类与材料的"器用"；写有活动用到的屏风、坐垫等物品种类的"排设"。《园幸乙卯整理仪轨》第四卷出现了这些内容。

惠庆宫洪氏在奉寿堂得到的花甲桌上摆放了非常多的食物。根据《园幸乙卯整理仪轨·馔品》的记录，足足有 70 个碗碟被摆在一个黑漆圆盘上。首先提及的食物是"各色饼"。各色饼指的是加了蜂蜜的白米饼、加了石耳的石耳饼、四色的切饼、七色的助岳①等种类多达 9 种的年糕，它们被堆成 1 尺 5 寸的高度，盛在一个碗里。考虑到世宗时期用于建筑测量的营造尺的 1 尺大概为 30.8 厘米，各色饼的高度应该在 45 厘米左右。

------

① 助岳，装饰用糕之一，将糯米粉与枣泥混合后用蜂蜜和面，再加入芝麻馅或红豆馅制成松饼状，最后用油煎制。——译注

王室或士大夫家里举行宴会时，都会像这样把食物高高堆起，以示祝贺。在惠庆宫的花甲桌上，除了水果、汤、炖品等菜品与调料外，其他食物全都被堆成12—45厘米的高度。

惠庆宫洪氏花甲桌上的食物种类及堆成的高度

盛放在一个碗里的食物	构成	高度
各色饼	白米饼、粘米饼、槊饼、蜜雪只 [①]、石耳饼、各色切饼、各色助岳、各色沙蒸饼、各色团子饼	1尺5寸
药饭		
面（荞麦）		
大药果		1尺5寸
馒头果		1尺5寸
茶食果		1尺5寸
黑荏子茶食		1尺5寸
松花茶食		1尺5寸
栗茶食		1尺5寸
山药茶食		1尺5寸
红葛粉茶食		1尺5寸
红梅花强精 [②]		1尺5寸
白梅花强精		1尺5寸
黄梅花强精		1尺5寸
红软丝果		1尺5寸
白软丝果		1尺5寸

盛放在一个碗里的食物	构成	高度
黄软丝果		1尺5寸
红甘丝果		1尺5寸
白甘丝果		1尺5寸
红蓼花		1尺5寸
白蓼花		1尺5寸
黄蓼花		1尺5寸
各色八宝糖		1尺4寸
人蓼糖		1尺3寸
五花糖	玉春糖、五花糖	1尺2寸
枣卵		1尺
栗卵		1尺
姜卵		1尺
龙眼、荔枝		1尺4寸
蜜枣、干葡萄		1尺1寸
闽姜		1尺
橘饼		1尺
柚子		
石榴		
生梨		
蹲柿		1尺
生栗		

盛放在一个碗里的食物	构成	高度
黄栗		
大枣		
蒸大枣		
胡桃		1尺
山药		7寸
松柏子		1尺
各色正果		7寸
水正果		
生梨熟		

注： ① 蜜雪只，用蜂蜜和面制成的糕点。——译注

② 红梅花强精，米粉制成的一种糕。另外原文汉字似有误，其对应的汉字非"强精"而应是"羌饤"——译注

奉寿堂花甲宴的流程

惠庆宫洪氏穿好礼服入座后，花甲宴于上午 8 时 45 分正式开始。正祖也身着战时戎装坐在了位置上。惠庆宫一就座，内命妇与外命妇们行了两次礼后也分别入席。女性座位前挂着朱帘，以阻挡男性的视线。

首先，正祖走进惠庆宫所在的奉寿堂，敬酒后跪在大厅地板上吟诵祝贺母亲花甲的文章，接着走到惠庆宫身旁。惠

庆宫说："愿与殿下共庆。"正祖再次退下，高呼"千岁千岁千千岁"。这时，王室的女婿——仪宾与国王的外祖家——戚臣，以及官员们全部做出与正祖一样的动作，齐呼"千岁千岁千千岁"。

在奉寿堂内院大厅的地板上，包括仪宾与戚臣等在内的诸人分东边四排、西边两排坐下。头戴纱帽、身着长袍的亲戚们坐在最外面，身穿礼服的官员坐在里面（见图3）。他们面朝大厅中央相对而坐，每个人都得到了一个小宴床。年纪大或地位高的人坐在离奉寿堂本殿较近的地方。在奉寿堂外院，数十名官员分列三排相对而坐。他们都高呼"千岁千岁千千岁"，场面可谓壮观。

接下来是花甲宴的正式流程。在王室的进宴或进馔上，重要的参加者会向仪式的主人公进献盛着酒或茶的"爵"，仪式的规模决定了敬爵的次数。最小规模的宴会为三爵，最大规模的宴会为九爵。正祖提前规定这次惠庆宫洪氏的花甲宴为七爵。

图 3

按王室礼法，一般来说正祖应该敬第一杯，正祖的夫人即王妃敬第二杯。但因王妃没有参加这次奉寿堂进馔，所以第一杯与第二杯都由正祖敬献，而惠庆宫下赐酒盏作为答礼。正祖回到座位后，内人们把酒分给了所有参加者。

另外，庭院中间的舞台在每次敬酒时都会演奏定好的音乐，舞者也随之跳相应的舞蹈（见图4）。正祖进献第一杯时表演《献仙桃》（始于高丽时代的舞蹈，内容是王母下凡给国王献上天桃，祷祝长寿），进献第二杯时表演《梦金尺》（配合朝鲜太祖李成桂梦见自己从神灵那里得到金尺故事的音乐与舞蹈）与《荷皇恩》（表现接受天命治理国家的喜悦的舞蹈）。

图 4

接着，由惠庆宫指定的王室命妇、仪宾、戚臣敬献第三至第七杯。第三杯进行《抛球乐》（将抛球门放在中间，人们分列两队唱歌跳舞的一种舞蹈）与舞鼓（围绕在击鼓的圆舞周围起舞）表演；第四杯进行配合牙拍（动物骨头制成的快板）与响钹（一种由两块铜板组成的打击乐器，形似锅盖）演奏的舞蹈表演；第五杯为鹤舞（舞者戴着青鹤与白鹤的面具跳舞）；第六杯为《莲花台》（从蓬莱下凡的两个童女，经由莲蕊诞生，有感国王之德化，为报答其恩惠所跳之舞）；第七杯为《寿延长》（两名拿着竹竿的人不断微微伸屈膝盖，祈愿国王长寿的舞蹈）。这次宴会在七爵全部结束之后还另外增加了处容舞（戴着处容的面具起舞）与尖袖舞（舞者什么都不拿，仅靠舞动双手完成的舞蹈）两支舞蹈。这是正祖为母亲特别准备的礼物。

　　正祖让参加宴会的大臣们当天"不醉无归"。"不醉无归"一词出自天子赐宴诸侯时演奏的歌曲。古代中国的文献《诗经·湛露》有以下诗句："湛湛露斯，匪阳不晞。厌厌夜饮，不醉无归。"即通过酒来树立天子的权威。

　　当日宴会即将结束之时，正祖开心地称其为千年一回的喜事。他之所以这么高兴，是因为乙卯园幸还是梦想施行新王道的他自己所设计的称心如意的活动。大部分士大夫曾反对建设华城行宫，而正祖选择在此地举行母亲的花甲宴会，无异于是对把思悼世子推向死亡之人的一种宣战。正祖以"不醉无归"表现出了帝王的意志。但在5年后，年仅49岁的正祖却溘然长逝了。

第三部

势道家的奢侈，百姓的饥饿：

19 世纪初期至中期的饮食史

朝鲜正祖二十四年（1800）阴历六月二十八日酉时（下午5点至7点），正祖于昌庆宫迎春轩升遐。正祖不曾患有重病，却在病倒不过十天后溘然长逝，一时间，关于正祖被毒杀的传言甚嚣尘上。正祖临死前留下的最后一句话是"寿静殿"。寿静殿是英祖的继妃贞纯王后曾居住的宫殿。贞纯王后当时是老论的靠山，因此一些人怀疑老论派可能介入了正祖的死亡。然而流言只是被传得沸沸扬扬，一直没有得到证实。

正祖突然升遐后，年幼的纯祖（1790—1834，1800—1834年在位）登上王位，贞纯王后垂帘听政，此后朝鲜进入势道政治的时代。与国王、世子结成姻亲关系的外戚家族手握大权，管理国家。纯祖时期由安东金氏（某姓始祖居住的地区被称为本贯。此指以今庆尚北道安东为本贯的金氏宗族）、宪宗时期由丰壤赵氏（以今京畿道南杨州市为本贯的赵氏宗族）、哲宗时期再次由安东金氏作为王室外戚掌握大权。

在19世纪势道政治之下，朝鲜社会的贫富差距日益严重，富人阶层享受着奢靡的饮食生活，而贫苦百姓则艰难地与饥饿抗争。洪锡谟（1781—1857）在《东国岁时记》的"二月篇"中写道："（汉阳）南山下善酿酒，北部多佳饼。"这里的北部指的是清溪川以北，即现在的钟路区一带。洪锡谟还提到"都俗称南酒北饼"，意思是，首都的人称之为"南酒北饼"。"南酒"是当时在首都酿酒贩卖的酒家聚集的地方。

据传南山山脚与麻浦的孔德聚集了特别多的酒家。每逢阴历三月，南山下的酒坊都会酿造小曲酒（用少量酒曲酿成的清酒）、杜鹃酒（用杜鹃花酿的清酒）、桃花酒（用桃花酿的清酒）、松笋酒（用松树新枝酿的清酒）、过夏酒（在清酒里加入烧酒酿造而成，可避免在夏日过早变质）等。孔德的瓮幕酿造的蒸馏酒——三亥酒非常出名。每逢阴历八月，这些酒坊都会用新米酿酒。申润福的《酒肆举杯》展示了在当时禁酒令管束日益松弛的情况下，士大夫们一心贪恋杯盏的样子。

19世纪初期，士大夫家族的女性们撰写了大量介绍京华世族饮食的谚文料理书。例如，凭虚阁李氏摘取了柳重临《增补山林经济》的内容，整理了自己亲自试验的烹饪法，撰写出《闺阁丛书·酒食议》。这是因为在士大夫家中，根据时间与格调来置办食物之事非常重要。

申润福所绘制的《海鲜蔬菜商》告诉我们，当时的汉阳人无法自给自足，需要依靠商人提供食材。沈鲁崇（1762—1837）曾提到"枉寻里女商戴卖菹"，一名生活在汉阳往十里（今属首尔市城东区）的女性头顶着亲自腌制的白菜泡菜，进入四大门内进行售卖。沈鲁崇还写道："七女面如五嫂羹，东家酒与西市饵。"四大门里有几家出售荞麦面与蒸馏烧酒的商家。洪锡谟也提到自己每个季节都会去糕铺购买用新材料制成的糕点食用。由此可见，在19世纪初期，四大门内存在不少酒馆与糕铺。

李德懋（1741—1793）十分警惕汉阳富人阶层持续的奢侈行为，在《士小节》一书中强调了用餐的礼法与简朴。但地方的贫困士大夫与庶民的餐桌仍然十分简陋。以1811年（朝鲜纯祖十一年）"洪景来之乱"为例，不少百姓揭竿起义，意图打倒趋奉势道政治的官僚与地主。百姓虽不断抵抗，势道政治却一如既往。如此一来，朝鲜王朝只能走上衰落之路。

《酒肆举杯》

申润福，《蕙园传神帖》，19世纪初期，28.2×35.6厘米，
涧松美术馆藏品

第十二章
松弛的禁酒令，
被频繁造访的酒肆

    画中登场人物共有七名。画作上方可见两间房屋的地板与屋内摆着的木柜及櫼笼①。木柜上面摆放着装有各种小菜的坛子、罐子和碗。左边地板边缘的灶台上架着两口铁锅，放着高脚豆②、小碗与若干双筷子。灶膛的两个洞是烧火时排烟的通道。

---

① 櫼笼，立柜，装衣服的柜子。——译注
② 豆，像高脚盘一样的器物，一般用来盛肉、汤。——译注

与灶台相对而坐的女性梳着云鬟，身着蓝色裙子与半回装小袄（只在领口、衣带、袖口处以不同颜色镶边的小袄）。她旁边放着两个大口碗、一个陶缸与一个白瓷器。一个大口碗上放着一只如同倒放斗笠形状的碗，两个大口碗里应该分别盛着酒与热水。

女人手里拿着一件汤勺状的工具，这是舀酒用的"斛其"。她正要把从其中一个大口碗里舀出来的酒转移到盛有热水的大口碗上的小碗里，然后再把热好的酒倒回杯子（见图1）。一名身着红色长衣的男性似乎正在等待这杯酒，他左手拿着一双筷子。两名头戴纱帽、身穿长袍的男人分别站在两侧注视着这一幕。

图1

《蕙园传神帖》

《蕙园传神帖》收录了蕙园申润福（？—？，活跃在 19 世纪初期）的 30 幅画作，《酒肆举杯》也在其中。这里的"传神"是一个绘画术语，是"传神写照"的缩略语，指的是在画肖像画时，不停留在描绘人物的外形，还要表现出他的内心世界。《蕙园传神帖》的意思是"蕙园的人物画画册"。

日殖时期，涧松全鎣弼（1906—1962）致力于收集韩国的物质文化遗产，这一画册是他于 1935 年在富田商会（日本人富田仪作在汉城南大门附近运营的朝鲜古美术品商店）购买所得。据说在 1936 年，全鎣弼向书法家吴世昌展示了这一画册，吴世昌将其命名为《蕙园传神帖》。

另外，吴世昌亲眼见到申润福的画作后大为感叹，在画册上留下了以下跋文："世重蕙园画，尤重其风俗之作。而此帖多至卅页者，皆遗俗传神。闾巷之片片情态，跃于纸上，洵巨观也。（中略）涧松全君，必欲得原帖者，有年乃不惜重金以购之，作箧珍秘。"此后原画得以在这片大地上留存下来。

很多研究者都认为申润福最晚出生于 1758 年（朝鲜英祖

三十四年）。原因在于吴世昌整理韩国历代书画家的生平，在 1928 年出版的《槿域书画征》一书中，把申润福安排在金得臣的弟弟金硕臣（1758—?）之前。此后画家金瑢俊（1904—1967）在 1939 年 2 月 1 日出版的《文章》杂志中发表文章称申润福出生于 1758 年，申的出生年份由此成为长期的定论。但至今仍未发现有关申润福确切出生年份及其活动的记录。

在申润福流传至今的画作中，标记了绘制年份的只有 1805 年、1808 年、1813 年等几幅。由此只能推断出申润福作为画家活动的时期应该在 19 世纪初期。另外，他的父亲申汉枰（1726—?）也是图画署的画员。部分研究者认为，父亲与儿子一同在图画署工作的可能性很小，所以申润福应该是在民间活动的在野画家。但这样的主张同样缺乏确切文献为证，只停留在推测的层面。

举杯邀皓月

在《蕙园传神帖》的 30 幅画作中，10 幅作品上写有描述绘画内容的题画诗，但我们无法确认这是否是申润福亲笔所写。不过，题画诗对理解画作的内容有很大帮助。我们现在看到的这幅画上写有如下诗句（见图 2）：

举杯邀皓月，

抱拥对清风。

　　画作下端的墙壁上开满了像是杜鹃花的红花，可见这一场景发生在19世纪初期房屋鳞次栉比的汉阳云从街（今光化门至钟路三街一带）。生活在19世纪初期的柳晚恭（1793—1869）在《岁时风谣·元夕（阴历正月十五日）》中描绘了云从街附近的"色酒家"景象："酒灯高挂板门开，一卓纷然椀楪杯。午夜烧猪凉屋下，行人多逐腻香来。"

图2

　　紧接的后文使人联想到画作中的酒肆场景："深夜帘灯隐映光，娇姬就睡入重房。炉头替坐蓬头汉，狼狈来寻色酒郎。"另外，柳晚恭还提到了色酒家中有名的"君七家"。据称，君七家的酒酿得很好，食物也美味，连一些不及它的酒肆都用相同的商号来做生意。

后世学者给这幅画作命名为《酒肆举杯》。"酒肆"即酒家，所以这一标题的意思是"在酒家饮酒"。实际上在朝鲜时代的文献中，酒家经常被写作"酒肆"。然而从柳晚恭的文字可知，这种形式的酒家的正确叫法应该是"色酒家"。

催促赶快离开

柳晚恭所描绘的色酒家的蓬头汉也出现在了这幅画中（见图3）。蓬头汉指的是干杂活及贴身保卫酒肆老板娘的男性仆役。但在这幅画中，酒肆的蓬头汉正忧心忡忡地注视着酒客们的举动。他为何是如此这般呢？

我们再来看一下画作。身着红色长衣、举起筷子的男人是别监（见图4）。别监是隶属掖庭署（传达国王及王族的命令，负责管理宫阙事务的官衙）的下级官员，地位低于中人，又稍微高于庶人。但别监在大殿、王妃殿、世子宫等地方工作，负责给觐见国王、王妃、世子的大臣们带路，因此拥有相当的权势。像这样，在隐性实权者别监中，有些人还做着"兼职"（two job）。他们白天在宫中工作，夜晚则作为为妓生们撑腰的妓夫即龟公，从而掌握着汉阳云从街的色酒家。

图3   图4

　　站在两侧的士大夫一脸羡慕地看着别监再饮一杯的模样，好像在等待轮到自己。但站在大门附近的两人并非如此。头戴纱帽、身穿长袍的士大夫似乎正在用左手的扇子催促三人（见图5）。右边戴着漏斗形状的帽子、身穿"喜鹊坎肩"的人也在催促着三人赶紧离开。此人是隶属于被称为"罗将"或"逻卒"的兵曹胥吏，他们当中有些人会带着木制的"禁乱牌"到处巡逻，管束汉阳发生的非法事件。

　　在朝鲜时代，酿酒与饮酒并非总是自由的行为。由于酿造浊酒、清酒与烧酒的主要材料都是做饭所需的粳米，因此若逢歉收之年或粮食不足之时，王室经常会颁布禁酒令。浊酒因为能够鼓舞农民的士气而被排除在禁令之外，但士大夫们喜欢饮用的清酒与烧酒是禁酒令的主要管束对象。一旦下达禁酒令，拥有禁乱牌的罗将就会以汉阳为中心开始盘查。画作的一行人中也有罗将。虽然他看起来不是负责管制的罗将，但可能收到了管制即将开始的消息，显得坐立不安。

英祖实施了非常严格的禁酒令，甚至出席了被指控偷偷饮酒的官员的处决现场，其禁酒立场非常强硬。相比之下，正祖在下达禁酒令的同时，因担心百姓动乱，所以没有像英祖那么严格地执行管制。但英祖与正祖的禁酒政策反而助长了人们偷偷饮酒的风气。与此同时，不少酒肆也在暗地里开门营业。值得一提的是，正祖的放宽政策使得酒肆更加繁荣，其中色酒家的人气非常高。

图5

《游廊争雄》
申润福，《蕙园传神帖》，28.2×35.6 厘米，涧松美术馆藏品

　　在正祖之后的纯祖年间，有些士大夫和官吏甚至违背禁酒令，靠酿酒贩卖而日进斗金。正如柳晚恭的记录，在 19 世纪初的汉阳酒肆里出现了烤肉等食物，下酒菜也变得丰富起来，甚至有不少士大夫殴打执行禁酒令的逻卒。这也是正祖下达了八次禁酒令，而纯祖却下达了十一次的原因所在。纯祖甚至处罚了未能贯彻执行禁酒令的官员。

事实上，王室之所以下达禁酒令，并非只是出于节省粳米的目的。现在也是如此，饮酒过量的人之间经常会发生冲突。《蕙园传神帖》中的《游廓争雄》描绘了别监在色酒家门前的巷子里给两名醉酒的士大夫劝架的场景。申润福会不会是借《酒肆举杯》里酒肆蓬头汉的视线来表达自己对酿酒所导致的士大夫们浪费粮食以及风纪紊乱的世态不以为然的态度呢？

《海鲜蔬菜商》
申润福，《申润福笔女俗图帖》，19世纪初期，28.2×19.1厘米，
韩国国立中央博物馆藏品

第十三章
贩卖海鲜与蔬菜的妇女

深秋时节，在汉阳的小巷里，一名头顶装有海鲜大木盆的年轻妇女与年迈的妇女不期而遇。她右肩挎着被称为"筲箕"的篮子，里面装满了小萝卜。大概是因为十分疲惫，她的脸上没有任何神情。加上发现偶然相遇的老妪的筲箕是空的，她似乎更为沮丧，唯有呆呆地看着。

从衣着来看，这名年轻妇女或许刚结婚生子。她穿着露出一大半胸部的短袄，系着飘带。或许担心胸部被看到，她把裙子提得很高，并用绳子紧紧地绑在一起。因此尽管衬裤仅延伸至膝盖处，但由于裙子的下摆又宽又长，所以无伤大雅。她的头上还戴着加髢 ①。如果不是头顶木盆、肩挎笭箵，她的装扮与当时的妓生别无二致。那天，这名年轻妇女究竟是否把那么多的海鲜与蔬菜都卖出去了呢？

汉阳人偏爱的海鲜

因画作上"蕙园写"的字样与落款而被传为申润福作品的《海鲜蔬菜商》生动地展现了 19 世纪朝鲜的社会风貌。汉阳本地人洪锡谟与申润福几乎生活在同一时代，他在《东国岁时记》中按月份记录了当时汉阳的岁时风俗。其中的"三月篇"记载了以下内容：

> 入鸡子于滚汤，半熟和醋酱，名曰水卵。以黄芷蛤、石首鱼作汤食之。苏鱼产安山内洋。鲎鱼俗名苇鱼，产汉江下流高阳幸洲。春末，司饔院官网捕进供。渔商遍街呼卖，以为脍材。桃花未落，以河豚和青芹、油、酱为羹，味甚珍美。产于露湖（今鹭湖）者，最先入市。惮其毒者，代以秃尾鱼。蒸秃尾亦时鲜之佳品。

根据该段文字可知，画中年轻妇女头顶的大木盆中很有可

---

① 加髢，朝鲜妇女佩戴的一种盘起的假发。——译注

能装有黄苎蛤、石首鱼、苏鱼、河豚、秃尾鱼等海鲜。尽管因为木盆上覆盖着白布，我们无法明确了解是哪一种鱼，但冷不丁露出尾鳍的海鲜长得很像鲻鱼。由于洪锡谟描绘的是阴历三月的光景，所以鲻鱼没有出现在他提到的海鲜目录中。而画作的季节则被认为是晚秋，正是捕捞鲻鱼的时节。

前文已经在分析金得臣的《江边会饮》时对鲻鱼进行了说明，这里不再赘述，但我仍想补充几件事。鲻鱼的最佳赏味期是阴历八月至次年二月。司饔院干脆另设一艘名为"秀鱼船"的船捕捉鲻鱼。自然，士大夫家也非常喜欢食用鲻鱼。

渔夫捕捉鲻鱼进行贩卖时，需要缴纳税金。在汉江的西江活动的渔民中，也有人为了不纳税而偷偷捕捞鲻鱼。这个问题日益严重，在仁祖年间甚至成为王室中的争议话题。由此可见，购买鲻鱼的消费者非常多。

鱼贩子经常从西海与汉江河口购入捕获的鲻鱼，像画中的妇女一样走街串巷各处兜售。新鲜鲻鱼会被做成生鱼片，不新鲜的则会被用来煮汤或炙烤，还有人会用鲻鱼皮制成饺子皮，以做成鱼饺。

走街串巷的鱼贩子

在 19 世纪的汉阳，似乎到处都是商贩在大街小巷大声吆喝，兜售鲜鱼或干鱼以及其他多种食物的场景。朝鲜后期各种文献生动地记录下了这样的画面。金弘道的老师姜世晃住在现在的京畿道安山，似乎经常能看到鱼贩子们。《金弘道笔行旅风俗图八幅屏风》中也出现了鱼贩子的形象，姜世晃还题写了如下汉诗：

> 粟蟹虾盐，满筐盈缸。晓发浦口，鸥鹭惊飞。一展看，觉腥风触鼻。

姜世晃在安山逗留了一段时间后返回汉阳，当他看到金弘道画的另一幅《卖醢婆行图》时，往昔似乎再次浮现眼前。他在这幅画上也题了词："余曾居海畔，惯见卖醢婆行径。负孩戴筐，十数为群。海天初旭，鸥鹭争飞。一段荒寒风物，尤在笔墨之外，方在滚滚城尘中。阅此，尤令人有归欤之思。"

《卖盐婆行》

金弘道，《金弘道笔行旅风俗图八幅屏风》，1778 年，90.9×42.7 厘米，
韩国国立中央博物馆藏品

《卖醢婆行图》

金弘道，18世纪，71.5×37.4厘米，梨花女子大学博物馆藏品

柳得恭（1749—1807）虽是庶孽出身，但在正祖的提拔下出任了奎章阁检书官一职。他以当时汉阳的石首鱼贩子为主题作诗如下："生鲜石鱼负去，手持大者夸张。小婢中门走出，唤生鲜石鱼商。"这种描述非常形象！小婢女唤来的石首鱼贩子背着背架到处兜售海鲜，从这点来看，这名鱼贩子与申润福画中的年轻妇女不同，应该是名男性。

难以自给自足的汉阳人购买海鲜、蔬菜

像柳得恭诗里出现的石首鱼贩子一样，出售大量蔬菜以至于需要使用到背架的商贩主要为男性。洪锡谟在《东国岁时记》"三月篇"中描述了男性蔬菜商："卖菜汉负菘根新芽，成群叫卖，谓之青根商。蔓菁新出，又叫卖以为时食。"

当时栽培的大白菜与现在不同，是空心的非结球品种，时人喜欢食用这种白菜的根。其根长得像小萝卜，因此贩卖的蔬菜商被称为"青根商"。男性青根商会用背架背着大量的蔬菜东奔西走，而力量相对不足的女性蔬菜商则像画作中一样，只能用笭箵装着少量的小萝卜走街串巷（见图1）。

图1

　　18—19 世纪，朝鲜最大的城市自然是汉阳，也就是现在的首尔江北一带。有学者推测，当时四大门内的人口超过 3 万人。甚至有学者认为，如果把四大门内外、往十里与纛岛、汉江南部鹭梁津包括在内，生活的人口可能有 30 万。人口密度如此之高，再加上当时的菜园位于东大门附近、往十里、纛岛一带，所以汉阳人像现在一样无法自给自足解决食物问题。因此，种菜的农民或直接从田里进货的人便在汉阳的大街小巷以兜售蔬菜为生。

　　此外，海鲜商们从经西海进入麻浦渡口的渔船那里购买鱼虾酱、食盐、海鲜与贝类等，辗转于汉阳各个胡同进行售卖。

生活在仁川附近海边渔村的女人们也会捡螃蟹到汉阳去卖，再用赚到的钱买衣服回家。从金弘道与申润福都用多幅画作来记录他们的身影这点来看，18—19世纪在汉阳街头兜售蔬菜与海鲜的商人是不容忽视的一道风景线。

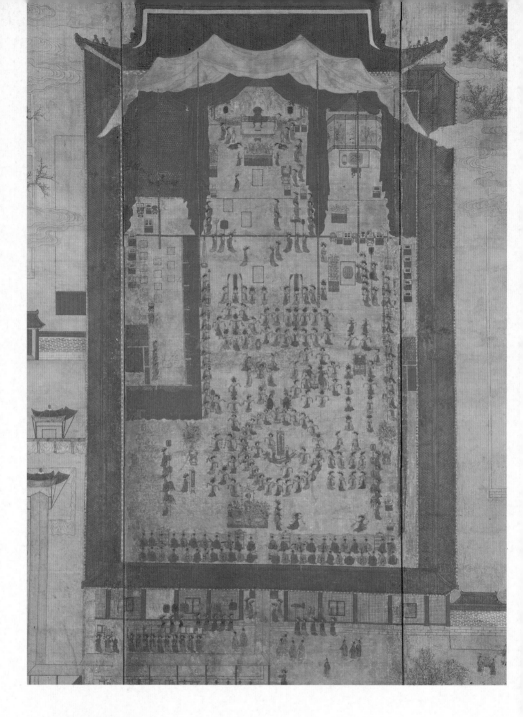

《慈庆殿内进馔图》局部
佚名，《己丑年进馔图屏》，1829 年，54×150.2 厘米，
韩国国立中央博物馆藏品

第十四章
孝明世子策划的纯祖 40 岁生辰宴

《己丑年进馔图屏》这一屏风制作于 1829 年（朝鲜纯祖二十九年）阴历二月，用文字与图画记录下了为纪念纯祖 40 岁生辰与在位 30 周年，在昌庆宫正殿明政殿与惠庆宫洪氏生活过的景福宫慈庆殿所举办的庆祝活动。屏风的右边区域描绘了阴历二月九日上午十一时在明政殿举行的"外进馔"场面。外进馔是以国王与王世子为首的王亲贵族与官员们出席的仪式，参加人员主要为男性，所以加上一个"外"字。

外进馔结束后第三天，即阴历二月十二日上午七时，"内进馔"于慈庆殿举行。《己丑年进馔图屏》的左边区域描绘的便是内进馔的现场。从明政殿的外进馔场面来看，国王与王世子旁边的侍卫队与承旨都是男性，但在内进馔中，女官们取代了男性官员的位置。甚至跳舞的人也是如此，在外进馔跳舞的是舞童，而在内进馔跳舞的则是女伶。女伶们跳着不同的舞蹈，如船游乐（拖着装饰华丽的船出场的行船游乐）、莲花台（从蓬莱下凡的两个童女，经由莲蕊诞生，有感国王之德化，为报答其恩惠所跳之舞）、舞鼓（把鼓放在中间，其他人围着跳舞）等。本来应该是每向国王进献一爵便跳一支舞，但画家试图画出多种舞蹈，便把整个过程浓缩到一幅画上。

画作上端中央画的是纯祖的位置，王世子孝明世子（1809—1830）的位置则另外安排在右边的空间（见图1）。因为按照规定，不能把国王或王世子的模样绘入图画，所以纯祖与孝明世子未能出现在画中。如果我们把视线转移至画作左边围着红色帐篷的地方，就能见到许多张摆放着食物的宴床与席垫（见图2）。这是王妃与其他王室女性的座位。为了区分

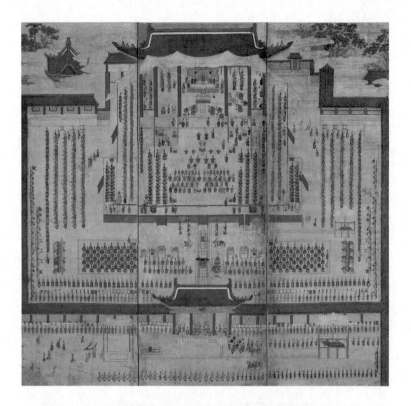

《己丑年进馔图屏》的右侧区域《明政殿外进馔》部分

图1

图2   图3

男女内外，慈庆殿最下方演奏乐器的乐工前面也设置了遮挡帘
（见图3）。这是因为除纯祖与孝明世子外，内进馔的参加者
只能是王室女性。

孝明世子筹办庆宴

孝明世子策划并筹办了己丑年庆宴。孝明世子因长相与行
动酷似祖父正祖而备受王室与官员们期待。随着纯祖的健康状
况恶化，他从1827年（朝鲜纯祖二十七年）阴历二月开始代
理听政。孝明世子排斥当时执掌政权的安东金氏一派的士大
夫，试图把新人安插在高官之位，积极改革国政。

本次进馔也是由孝明世子亲自说服纯祖而得以筹办。纯祖
真正的生辰在阴历六月十八日，但考虑到他的健康状况，孝明

世子决定不必等到生辰当日，而把进馔日期提前至阴历二月。从 1828 年十一月开始，孝明世子便不顾纯祖的反对，两次上疏恳求纯祖允许举办进馔，同月二十五日，他召集官员商讨典礼筹办事宜。当日的《承政院日记》记载了孝明世子与进馔所（负责举办进馔的工作组）官员之间的对话内容。

当孝明世子询问饮食的筹备时，司饔院提调朴岐寿上前禀报进馔的先例。于是孝明世子定下外进馔的"行果"为二十碗，"味数"为九味。"行果"指的是放在典礼主人公纯祖面前的食物，"味数"是"味数床"的缩略语，指的是向纯祖献爵的次数。也就是说，本次进馔准备的食物种类为二十种，敬酒或敬茶的次数为九次。同时，孝明世子还补充道："每味以三器为之。"即每敬一次爵，就上三种食物。

我们再次思考一下这种情况，王室的权力二把手竟然亲力亲为地制定宴会的食物菜单及其详细构成。在朝鲜时代，进宴或进馔在一位国王的在位期间只会举办数次，是比其他任何王室礼仪都更能彰显国王权威的重要典礼。从看似琐碎的献爵次数到摆桌的规模，都是必须由最高掌权人决定的国家大事。在给国王准备的餐桌上，食物种类要比任何出席者都多，摆放的高度也要最高。另外，出席者每献一次爵，都要高声赞美国王的伟大，乐工与舞者还要配合演出相应的音乐与舞蹈。像这样重要的活动，主管部门的负责人当然需要一一请示，而孝明世子也会做出详细回答。

接着，孝明世子与官员们讨论了内进馔的相关事宜。孝明世子下达了与外进馔不同的指示，即"行果以三十器为之，味数以七味为之"。大概是考虑到参加内进馔的人都是女性，所以敬酒或敬茶的次数减少了两次。但与外进馔不同，"每味以七器为之"，即每敬一次爵，就上七种食物。可能由于慈庆殿举办的内进馔始于上午七时，因此才增加了食物的种类。此外孝明世子还定下了在内进馔上敬酒或敬茶的人。"第一爵亲上，第二爵世子嫔宫进上，第三爵明温公主进上，第四爵至第七爵，临时禀旨举行。"

品级不同，食物摆放的高度亦不同

慈庆殿内进馔的主要客人是王室的女性，纯祖的夫人纯元王后金氏、孝明世子的夫人世子嫔（后来被封为神贞王后）赵氏、纯祖的四个女儿都出席了宴会。纯祖膝下除孝明世子外，还依次有明温公主、永温翁主、福温公主与德温公主。明温公主、福温公主与德温公主的生母是正妃纯元王后金氏，而永温翁主的生母是淑仪朴氏。淑仪朴氏与纯祖的妹妹即正祖之女淑善翁主也出席了内进馔。

《己丑进馔仪轨》非常详细地记录了进馔的典礼内容。其中包括慈庆殿四周铺设了暖石，让女性出席者在三月上旬的寒日里也不会感到寒冷，以及出席者获得的宴床菜肴、每道菜的食材与数量，等等。表格展示了王室出席者在内进馔的餐桌上得到的食物种类。

王室出席者在 1829 年慈庆殿内进馔上获得宴床的菜单

参加者	纯祖	纯元王后	孝明世子、神贞王后	明温公主	淑善翁主	福温公主、德温公主、淑仪朴氏、永温翁主
器数	46	34	31	25	22	21
1	各色粳甑饼	各色饼	各色饼	各色饼	各色饼	各色饼
2	各色粘甑饼					
3	各色助岳及花煎①	各色助岳、花煎及团子、杂果饼	各色助岳、花煎及团子、杂果饼			
4	两色团子及杂果饼					

参加者	纯祖	纯元王后	孝明世子、神贞王后	明温公主	淑善翁主	福温公主、德温公主、淑仪朴氏、永温翁主
5	药饭	药饭	药饭	药饭	药饭	药饭
6	饼匙②	饼匙	饼匙			
7	面	面	面	面	面	面
8	大药果	药果、馒头果	药果、馒头果	药果	药果	药果
9	茶食果、馒头果	三色茶食	各色茶食	三色茶食	三色茶食	三色茶食
10	黑荏子、黄栗茶食					
11	菉末③、松花茶食					
12	两色梅花强精					
13	两色强精	两色强精	两色强精			
14	三色梅花软丝果	两色梅花软丝果	三色梅花软丝果	三色梅花软丝果	三色梅花软丝果	三色梅花软丝果
15	三色蓼花			三色蓼花	三色蓼花	
16	各色糖	各色糖				

参加者	纯祖	纯元王后	孝明世子、神贞王后	明温公主	淑善翁主	福温公主、德温公主、淑仪朴氏、永温翁主
17	龙眼、荔枝	龙眼、荔枝				
18	枣卵、栗卵、姜卵	枣卵、栗卵、姜卵	枣卵、栗卵、姜卵	枣卵、栗卵、姜卵	枣卵、栗卵、姜卵	枣卵、栗卵、姜卵
19	三色菉末饼	三色菉末饼	三色菉末饼	三色菉末饼		
20	柚子、柑子	柚子、石榴、生梨	石榴、生梨	石榴、生梨	石榴、生梨	石榴、生梨
21	石榴					
22	生梨					
23	蹲柿④	蹲柿	蹲柿	蹲柿		
24	生栗					
25	大枣	大枣、生栗	大枣、生栗	大枣、生栗	大枣、生栗	大枣、生栗
26	松柏子	松柏子				
27	各色正果	各色正果	各色正果	各色正果	各色正果	各色正果
28	梨熟⑤					
29	花菜（柚子、石榴、生梨、实柏子、胭脂、蜂蜜）	水正果	水正果	花菜	花菜	花菜
30	锦中汤	七鸡汤	七鸡汤			

参加者	纯祖	纯元王后	孝明世子、神贞王后	明温公主	淑善翁主	福温公主、德温公主、淑仪朴氏、永温翁主
31	杂汤	杂汤	杂汤	杂汤	杂汤	杂汤
32	搋鳗汤⑥					
33	各色截肉⑦	各色截肉	各色截肉	各色截肉	各色截肉	各色截肉
34	片肉	片肉	片肉	片肉	片肉	片肉
35	胖煎⑧、海参煎	胖煎、海参煎	胖煎、海参煎	两色煎油花	两色煎油花	两色煎油花
36	肝煎⑨、鱼煎	肝煎、鱼煎	肝煎、鱼煎			
37	全雉首	全雉首	全雉首			
38	全鳆红蛤炒	全鳆红蛤炒	全鳆红蛤炒	全鳆红蛤炒	全鳆红蛤炒	全鳆红蛤炒
39	各色花阳炙⑩	各色花阳炙	各色花阳炙	各色花阳炙	各色花阳炙	各色花阳炙
40	鲋鱼蒸	鱼馒头	鱼馒头			
41	软猪蒸	软猪蒸	软猪蒸	各色蒸肉		
42	鱼菜⑪					
43	三色甲脍	两色甲脍	两色甲脍	两色甲脍	两色甲脍	两色甲脍
44	清⑫	清	清	清	清	清

参加者	纯祖	纯元王后	孝明世子、神贞王后	明温公主	淑善翁主	福温公主、德温公主、淑仪朴氏、永温翁主
45	芥子（蜂蜜、食醋）	芥子	芥子	芥子	芥子	芥子
46	醋酱（食醋、酱油、松子）	醋酱	醋酱	醋酱	醋酱	醋酱

注：①花煎，用糯米粉和面，加入栀子花、杜鹃花或连翘花等花瓣，再用油煎成饼。——译注

②饼匙，宫里做得像饺子汤一样的食物。因其形状像勺子而得名。——译注

③菉末，此处指绿豆粉末做成的糕点。——译注

④蹲柿，扁圆的柿饼。——译注

⑤梨熟，梨剥皮去核后，点缀胡椒，加蜂蜜或白糖熬制的一种甜食。——译注

⑥搥鳆汤，鲍鱼干煮成的汤。——译注

⑦截肉，把肉切成薄片，放入调料腌制熟成的一种菜品。——译注

⑧胖煎，用盐给牛肚调味，沾上面粉和鸡蛋液，再用油煎成饼。——译注

⑨肝煎，把牛或猪的肝切成薄片，用食盐调味，裹上面粉和鸡蛋液后煎制而成的食物。——译注

⑩花阳炙，将桔梗、牛肉、蘑菇等分别调味炒制后穿在签子上的一种食物。——译注

⑪鱼菜，将鱼肉和煮熟的牛肺、牛肠、海参、鲍鱼、小葱、鱼鳅菜、菇类等混合搅拌均匀，沾上淀粉放入水中氽烫后，按照颜色搭配装盘的菜品。——译注

⑫清，指色泽亮丽、品质优良的蜂蜜。——译注

品级不同，得到的食物种数不同，食物摆放的高度也不同。例如呈给纯祖的"各色粳甑饼"的高度为2尺2寸，而呈

给纯元王后的各色饼高度为1尺5寸。呈给孝明世子和世子嫔的"各色饼"的高度为1尺7寸，明温公主的为1尺3寸，淑善翁主、福温公主、德温公主、淑仪朴氏、永温翁主的则为1尺1寸。

除前文所述出席的王室成员外，《己丑进馔仪轨》还记录了颁赐给纯祖的女性亲戚、在慈庆殿外其他场所出席宴会的内外来宾、无法出席的大臣们的宴床菜品目录。仪轨甚至还记录了赐给参加典礼的女官及内侍、进馔所的别看役①员役及乐工女伶的食物目录，以及赐给为成功举办宴会而努力的所有官员及下等杂役的奖赏。其中还出现了总管内进馔饮食的司饔院熟设所饭监全荣瑞的名字。

作为一道菜肴的荞麦面

由饭监全荣瑞监督制作的食物中，荞麦面出现在包括纯祖在内所有王室出席者、王室姻亲、内外来宾、大臣们的宴床上。《己丑进馔仪轨》记载的是"面"，我们通过其添加的材料可以确认此"面"即荞麦面。

————

① 别看役，国家有大事时设置的负责监督的临时官吏。——译注

1765 年（朝鲜英祖四十一年）阴历十月十一日，在庆熙宫景贤堂举行的英祖即位 40 周年纪念宴会上，荞麦面首次进入朝鲜王室的宴会菜单。当日宴会足足呈上了 300 碗荞麦面，此后王室宴会上所准备的"面"指的都是荞麦面。高宗时期的记录还将之写作"骨董面"。

　　此外，民间也使用"面"这一名字，洪锡谟在《东国岁时记》"十一月篇"中记录了平壤骨董面的做法："和杂菜、梨、栗、牛猪切肉、油、酱于面，名曰骨董面。"该骨董面类似于今日的拌冷面，但与纯祖食用的王室骨董面的模样和味道截然不同。

　　那我们来看一下纯祖食用的"面"的构成吧。"木面十沙里，牛内心肉半半部，鸡卵十个，艮酱三合，胡椒末一夕。"沙里是一个量词，指代为防止面条、草绳、针线凌乱而整理成的捆状。牛内心肉指的是肋间肉，一头牛身上只有很少的量，是最高级的部位。把这些牛内心肉搅拌均匀，放入酱油、鸡蛋、胡椒粉，做成丸子。把"面"放进碗里的顺序如下：首先用酱油给十沙里荞麦面进行调味，再将丸子和鸡蛋置于调好味的荞麦面上，就完成了一碗呈上进馔的"面"食。

与颂扬纯祖长久统治、祈愿其寿比南山的喜庆宴会景象形成鲜明对比的是，纯祖的子女们并未长寿。纯祖的四位公主均身体欠佳，长期被病痛折磨，都死于十多岁或二十多岁，甚至孝明世子在己丑进馔结束后的第二年便早逝了，终年二十一岁。孝明世子为父亲纯祖亲自筹办了最高规格的进馔，像祖父正祖一样怀有强化王权的野心，却连王位都未能登上就离开了人世。据说当时的官员们都哀痛欲绝，发出了"莫非天要亡我国"的悲叹。

《渔场》

传金弘道，《檀园风俗图帖》，19世纪初，28×23.8厘米，
韩国国立中央博物馆藏品

第十五章
石首鱼大丰收，
不禁耸肩起舞

　　木块密密麻麻地插在水中，形如房前屋后的篱笆。该设施
是朝鲜时代用来捕鱼的"渔箭"，制作方法是将荆条、竹竿、
刺楸树等粗长的木头插在小溪、江河、海洋中，围成鸟翼的形
状。渔箭上停驻着十几只海鸥，它们看上去已经从水中捕了鱼
填入腹中。为了不错过这个好机会，另一群海鸥正向食物俯冲
而去。两只苍鹭停驻在渔箭最右侧，看来也已经饱食了一顿，
正注视着海鸥群。

画中还有三艘没有桅杆的平底渡船。其中两艘正在渔箭近处装运鲜鱼，这种船在朝鲜时代被称为"看水船"。在渔箭内部，两名不知脚踏何处的蓬头男性正把装有鲜鱼的箩筐递给渔箭另一边的人。在贴近渔箭的看水船中也有三名蓬头男性。站在最前端的男性正接过渔箭里一名蓄须男性递过来的鱼筐。坐在中间的男性在百忙之中也不忘嘴衔烟袋。他身后放着两个未着釉彩只用橡树木烟熏过的瓦质器皿"青陶缸"，船尾的年轻男性双手紧握船桨，使船停留在原地。

　　另一艘看水船上设有一个灶台，上面放着两口锅。不知道是否已经往锅里放了东西，船尾的孩童正在生火。另一名孩童双手倚在一根插在青陶缸里的木棍上，似乎已经闻到了从锅里散发出来的香味，正在等待食物出锅。站在船头的男性不知是否知晓此等情况，他左手拿着两条鲜鱼，好像在耸肩起舞。画作下端画着一艘完成作业正返回陆地的船只，草编的挡板盖住了船身以遮挡阳光。船上坐着三名露髻男性，还放着装满海鲜的箩筐。握桨的男性正注视着另外两艘看水船的状况。

《檀园风俗图帖》被认为是临摹画的原因

据传《檀园风俗图帖》是金弘道的作品集，共收录 25 幅画作，这幅《渔场》是其中之一。该画册现藏于韩国国立中央博物馆，被指定为第 527 号宝物，以其作品的出色与内容的多样性而广为人知。然而美术史学者姜宽植在 2012 年发表的论文中指出，《檀园风俗图帖》很有可能是后世的临摹画。此后美术史学界众说纷纭，最后认定《檀园风俗图帖》并非出自金弘道之手，而是后世画家们临摹绘成的作品，因此在该图帖的作者介绍处加了"传金弘道"一语。

许多迹象可以说明《檀园风俗图帖》是后世画家们的临摹作品。第一，画册的绘成时间是 18—19 世纪，而标题却并非起于该时期。1918 年，朝鲜总督府博物馆购买了金汉俊（或赵汉俊）带来的画册，而画册上并无标题。25 幅作品中，只有 13 幅上盖有阴刻的白文方印"金弘道印"。再加上画册中的 25 幅绘画在规格与画法上没有太大差异，博物馆的相关人士便在封面写上"檀园金弘道笔风俗画帖"，确定了标题。

第二，大英博物馆（British Museum）收藏着一套收录了 20 余幅画作的画册，画风与《檀园风俗图帖》类似，但上面盖有"文蕙山章"。1961 年大英博物馆从日本 Kinchi 书店购入的该画作可能是殖民地时期一位号为"蕙山"的文姓画家所临摹的作品。通过这一画册的存在，我们可以推断韩国国立中央博物馆收藏的《檀园风俗图贴》可能也是金弘道之后的画家们为学习绘画而准备的临摹本。此外，美术史学界普遍认为，从手型错误等绘画水准与技法的差异来看，此画册很难被看作金弘道的作品。

因此，《檀园风俗图帖》很有可能是 19 世纪图画署画员们为练习绘画而照着范本临摹出来的画作。之所以像这样存在多幅类似画风的摹本，原因在于正祖的政策。正祖在奎章阁设"差备待令画员"一职，让他们随时以图画署画员为对象，组织"禄取才"考试。其中一个考试科目为"俗画"，即风俗画。因此，人们可能为了准备考试，所以把题为《檀园风俗图帖》的画册当作教材使用，其中多幅作品得以流传至今。

《全罗道茂长县图》局部
征收渔箭税时使用的地图，绘有设置在今高敞郡与扶安郡前海的渔箭，
韩国国立中央博物馆藏品

朝鲜时代西海岸的渔箭捕鱼

在朝鲜时代，渔夫是连士农工商行列都挤不进去的贱民中
的贱民。朝鲜王室虽然在法律上禁止出远海捕鱼，却对近海的
捕鱼业极为关注。特别是在京畿道西海岸一带，仅南阳、安

山、水原、富平等地的都护府就拥有 83 处得到许可的负责产盐的"盐所"。这是因为王室的亲戚们垄断了贩盐产业，并以此积累财富。

盐所附近有渔场。在西海岸的渔场，人们除了乘船出海撒网捕鱼外，还经常会像画作中那样使用渔箭。朝鲜王室令官厅负责管理渔箭的设置。中央的户曹、道的观察使、郡县的使道给每一处渔箭制作了渔获量账本，向渔民征收"渔箭税"。

渔箭要设在涨潮退潮明显的海域，而西海岸具备这样的自然条件。如画中所示，按"之"字形布局鱼能游进的水路，然后在最末端围成一个四角形渔场。如果退潮时前往渔箭，就会发现没来得及逃走的鱼挂在上面，渔夫们只要把它们装进箩筐即可。在渔箭内工作的渔夫站在用橛子钉住的大木头上，将鱼递给看水船上的同伴。

并非只存在这种形态的渔箭。有些地方会在汹涌海水经过的峡湾里放置竹帘来捕捉凤尾鱼，这种所谓的"竹防帘"也是一种渔箭。另外还有用石头制成的渔箭，忠清道与全罗道西海岸方言称之为"doksal"，南海岸方言称之为"dolsal"，皆为"石箭"之意。石箭的设置方法是，堆砌石头堵住向大陆方向凹进的海湾宽处，或者在滩涂上用石头筑起低矮的堤坝。如此一来，海鱼会随着涨潮被卷进来，又因退潮而被困在石箭中无法逃离，人们便能轻而易举将它们捕获。

按时迁徙的鱼

前往渔箭往青陶缸里填满鲜鱼要比撒网捕鱼容易得多。不知是否正因如此，画作中最为年长的男性甚至还能嘴衔烟袋，显得游刃有余（见图 1）。在另一侧，邻船正在烹煮什么食物呢？从船上有两口锅来看，大锅应该在煮饭，小锅则在煮汤（见图 2）。在谷物饭中加入用刚抓上来的鱼煮成的鱼汤，是填饱辘辘饥肠的宝贵膳食。

图 1

图2

渔夫手中的鱼像是黄花鱼，汉字写作"石首鱼"。在朝鲜时代的文献中，石首鱼还被称为民鱼、黄花鱼、富世、黄石鱼等。这种鱼的头上有两块像石头一样坚硬的骨头，所以被命名为"石首"。石首鱼晒干后正是现在也很有名的全罗南道灵光的盐石鱼。石首鱼会非常准时地成群结队出现在特定海域。因此以前的人会把不守约的人斥为"石首鱼都不如的混蛋"。

延坪岛流传着林庆业（1594—1646）将军用渔箭捕捉石首鱼的故事。林庆业在"丙子之役"后对清朝持抵抗态度：

> 丙子年，国大乱。林庆业将军欲寄密函，联明抗清。情状败露，遂走中原。经延坪岛，命船员备食，以刺楸作渔箭。翌日晨，千余石首插于鱼栅。其后渔夫皆用渔箭，感将军传授之恩德，常拜将军祠以祈丰年，遂成风俗。

将石首鱼晾干，或盐渍后炭烤，或放进锅里蒸，都会散发出比其他鱼更醇香的味道。而且食用石首鱼无须刮鱼鳞或去除肠子，也不像吃其他鲜鱼那样需要另外拾掇。因此在朝鲜后期，汉阳的鱼店与西海岸的浦口满是盐渍的石首鱼脯与石首鱼酱。在画作中，由于捕到大量在18—19世纪的朝鲜人气很高的石首鱼，渔夫感到非常骄傲，手拿两条鱼，耸肩起舞（见图3）。

图3

《野宴》
佚名，
19世纪，
76×39厘米，
韩国国立
中央博物馆藏品

第十六章
炭烤牛肉配一杯酒，
"野宴"之喜悦

　　七名年龄各异的男女围坐在松树下的花纹席上。他们中间放着火炉，烤盘上可见红色肉块。烤盘的右侧有一个盛满肉与蔬菜的大碟子。旁边的小盘上摆放着五只样式不一的碗。只戴着宕巾的男性右侧还放有酒瓶。这幅画作因描绘了人们在野外食用烤肉与蔬菜的场景而被命名为"野宴"。也许正因如此，若我们仔细端详画作，便会发现人们的表情与动作都显得兴致盎然。

画作中的登场人物

位于画作左侧，其实是坐在最上座——北壁的男性（虽然在画作中位于左边）的位置上铺着皮褥，他看上去像是聚会中最为年长的人（见图1）。他正用右手捏着一块肉放入口中，左手端着红色小碟。从他在襦裤外披了一件棉制罩袍、头戴防寒用的皮帽来看，举办野宴的时节大概在严冬。

坐在两边的人似乎尚未达到坐在北壁之人的年龄与地位。坐在北壁左侧的人正用筷子夹起一块肉放入口中，他头戴黑色头巾（见图2）。戴这种头巾的是离开仕途之人。此人左手也端着一个红色小碟。坐在北壁右侧的人头戴宕巾，长袍外披着黑色快子（坎肩的一种）（见图3）。这名男性双手分别拿着酒瓶与酒杯，看上去像是刚饮下一杯酒，正打算接过坐在他面前的女性递过来的熟肉。

一名梳着云鬟的女性像北壁的老人一样坐在皮褥上（见图4）。她身穿绿色短袄与蓝色裙子，对面还坐着一名身穿紫红色短袄与蓝色裙子的女性（见图5）。从打扮与行动来看，她

们不是闺阁女性，而是妓生，应该是受举办野宴的士大夫男性
邀请而来。身穿紫红色短袄的妓生头上缠着棉制头巾，似乎在
等待肉烤熟，因而目不转睛盯着烤盘。

图1

图2

图3

图4

画作中，火炉右侧有一名身穿蓝色长袍、头戴笠帽的男性，一看稚嫩的脸庞，就知道他是登场人物中最为年轻的（见图6）。从此人忙着用筷子翻动烤盘上的肉，把盛着肉与菜的大碟子放在自己面前来看，他在野宴上负责烤肉。和北壁的老人不同，他脖颈上围着棉制防寒帽——三山巾，腰间佩戴的荷包结很是别出心裁。

图5   图6

在他身后，一名脚着皮靴的男性正匆忙走上席子（见图7），怅然若失，仿佛在想"这种有趣的场合怎么能少了我呢？"从他用红色腰带系罩袍、头戴煖耳来看，此人的地位应该与北壁老人相当。

图7

相似又相异的成夹之画作

虽然《野宴》的绘者不详，但从构图与技法来看，可以推测是 19 世纪初的作品。值得一看的还有两幅与此画的主题及表现方式类似的画作。其中一幅收藏于法国吉美国立亚洲艺术博物馆（Musée national des Arts asiatiques-Guimet），是法国人类学者 Louis Marin 于 1901 年 7 月在汉阳短暂停留时购买的八幅屏风中的一幅。它与《野宴》相似得仿佛是同一幅作品，唯一不同的是，松树枝上堆积着皑皑白雪。部分学者推测这幅画作的作者是金弘道。

《雪后野宴》
由韩国圆光大学文物保护修复研究所复原，现藏于法国吉美国立亚洲艺术博物馆

《野宴》

成夹,《成夹风俗画帖》,33.2×33.4 厘米,韩国国立中央博物馆藏品

　　另一幅是活跃于 19 世纪的画家成夹的作品。与前文中的画作不同,登场人物共五名,全为男性。他们也围坐在一起,在中间放置火炉,用烤盘烤肉。其中坐着两名头戴煖耳的老人。一名老人右手夹起肉片,放在嘴边呼气吹凉,左手端着盛肉的碟子,旁边的老人正打算用筷子夹起烤盘上的肉。右边坐

着一名戴纱帽穿长袍的男性，他正把头转向外侧饮下一杯酒。他身旁放着一个白瓷酒瓶，从窄口设计来看，里面装的应该是清酒。

坐在画面最左边的人戴着白色头巾，看上去像是办丧事之家的丧主。在朝鲜时代，父母去世的丧主在服丧期间禁止食肉。然而此人右手端着碟子，左手拿着筷子正要把肉移到烤盘上。右边坐着的年轻人戴着儒生们经常用来搭配长袍的幅巾，观其样貌，应该是尚未成婚的士大夫青年，他索性用手捏起一块肉放入口中。

画作上方题有一首汉诗："杯箸错陈集四邻，香蘑肉脯上头珍。老馋于此何由解，不效屠门对嚼人。"写这首诗的人莫非就是画作中戴煖耳的老人之一？因为内容说的是老人在垂暮之年与邻舍相聚享用烤肉与烤蘑菇，竟不由自主地贪起嘴来。但最后一句让人不禁想到题诗之人是否读过许筠（1569—1618）撰写的《屠门大嚼》。

1611年，许筠被流放到全罗道咸悦县（今益山市咸悦邑），在草庐里写下《屠门大嚼》的序言。"糠秕不给。饤案者，唯腐鳗腥鳞，马齿苋野芹，而日兼食，终夕枵腹。"对从小口味便与众不同的许筠而言，流放地的生活确实极为窘迫。最后许筠"遂列类而录之，时看之，以当一脔焉"。题目取"经过肉铺时使劲咂嘴"之意，定为《屠门大嚼》。为成夹的画作题诗的人似乎是想表达自己不会过得如许筠一般的决心。

烤肉的烤盘——毡笠套

在三幅画作中，一个共同存在的物件特别显眼，那就是登场人物视线所聚焦的火炉上的烤盘。柳得恭生活在与画作绘成时期相近的年代，他在记录了汉阳岁时风俗的《京都杂志·酒食》中，把这种烤盘记为"毡笠套"。

据说"毡笠套"原本是朝鲜时代管束罪人的兵卒佩戴的帽子，而"锅名毡笠套，取其形似也"。在实际使用中，"沦蔬于中，烧肉于沿。案酒下饭，俱美"。

此外，同一时代的徐有榘（1764—1845）称"今人用熟铁作炙肉之器"，称其器为"形如毡笠之仰者"。然后，"细切桔梗、萝卜、芹葱之属，酱水腌贮于中央坎陷处。置炭火上，令铁烘热”。而烤肉的方法是“削肉如纸，渍以油、酱，用箸夹之，熁炙于四沿平面而食之”。他还提到“一器可供三四人”，围坐炙肉之器，烤炙肉类与蔬菜食用。

王室将这种炙肉之器称为“煎铁”。朝鲜高宗五年（1868）阴历十二月六日，高宗为庆祝大王大妃神贞王后赵氏的花甲，在景福宫康宁殿举办了盛大宴会。在当晚的夜进馔上，煎铁被摆上了餐桌。记录了本次典礼内容的《戊辰进馔仪轨》将这道菜品称为“大王大妃殿进御煎铁案”。用十个黄铜器与唐画器来盛放各种食材，火炉上另置煎铁，用煎铁烤炙而成的食物被称为“煎铁案”。

煎铁案的主要食材有牛臀肉、牛排骨、牛里脊、牛腰子、牛胖、雉鸡、生姜、葱、胡椒粉、大蒜、松子、酱汁、芝麻等。还会用到萝卜、水芹、桔梗、香菇、辣椒、蕨菜等蔬菜，以及荞麦面、鸡蛋、香油等。蔬菜同样是放到煎铁中央凹陷处加水烹煮，最后再把荞麦面放进熬制好的肉汤中煮熟食用。此外，生梨、柿饼、栗子等水果，各种正果、花菜、泡菜、香油、芥子汁等也会作为煎铁案所需的小菜与配料被摆上餐桌。

洪锡谟在《东国岁时记》的"十月篇"中介绍了汉阳"暖炉会"的风俗,"炽炭于炉,中置煎铁炙牛肉,调油、酱、鸡卵、葱、蒜、番椒屑,围炉啗之"。从18世纪后半期开始,用甑笠套烤肉烹菜食用的暖炉会在士大夫之间风靡一时。每逢十一月,正祖也会与大臣们一起,多次举办暖炉会兼诗会。

到了19世纪初期,每逢冬日,经常可以见到人们在野外举行暖炉会的情景。哪怕是在牛禁令实施期间,有权有势的汉阳京华世族男性们热衷于以暖炉会为借口,饱食牛肉。进入19世纪中期,煎铁案甚至出现在王室举办的官方宴会上,暖炉会及其菜品可谓红极一时。不知是否正因如此,佚名的画家与成夹才会把这一幕捕捉下来绘于纸面呢?

《东莱府
使接倭使图》
佚名，
《东莱府
使接倭使图屏》，
19世纪初，
85×46厘米，
韩国国立
中央博物馆
藏品

第十七章
日本使臣向东莱府使献上"胜歌妓"

　　画中建筑物的匾额上刻有"宴大厅"的字样。宴大厅是东莱（今釜山）的守令——东莱府使为日本使臣倭使举办宴会的场所，17世纪后期建于龙头山附近。在宴大厅的大厅东侧，两名头戴纱帽冠带、衣着整洁的朝鲜官员正坐在椅子上（见图1）。左侧的可能是东莱府使，右侧的可能是釜山佥使（军事据点釜山镇的负责人）。他们坐在立式交椅上，前方分别有一张摆有四个白瓷碗的宴床。

图1

　　两人身后可见七名身着玉色长袍、头戴纱帽的守令与四名座首①。釜山金使右侧站着其副官——训导与别差。训导既是日本通译官，也是负责管理倭馆各项事务的官员，别差则作为日本通译官协助训导开展工作。他们前面有两名负责官衙各种杂役的通引。通引如同今天的侍者，双手高举放着酒杯的托盘。在右侧被布帘遮住视线的地方，也可见三名忙碌的通引，好像正在斟酒。

　　宴大厅中央有四名盘头女性在翩翩起舞（见图2）。她们右侧的三名女性似乎在等待接下来出场表演舞蹈。观其模样，应该全是隶属于官衙的妓生。大厅外，六名乐工用乡觱篥、横

① 座首，朝鲜时代地方自治机构乡厅的首领。——译注

笛、奚琴、鼓、长鼓等乐器认真演奏音乐。台阶下的庭院内，数十名军官举着军旗列队。

大厅西侧坐着倭使及其随行人员（见图3）。四名头戴日本官帽——乌帽子的官员与对面的朝鲜官员一样，前方分别摆有一张宴床，旁边各设一名侍从。这些倭使中，坐在最右边的是使团的代表——正官，再从右往左依次是都船主（船长）、押物（管理朝贡物品与交易品的官员）与侍奉（正官的秘书）。位于他们前面的侍从很可能是通译官。

图2   图3

三件大同小异的《东莱府使接倭使图屏》

这幅画作是收藏于韩国国立中央博物馆的《东莱府使接倭使图屏》中的最后一幅。屏风由10幅画作组成，依次描绘了东莱府使接待来自对马岛的日本使团的典礼场面。第一幅至第七幅是东莱府使从位于轮山下的东莱城出发，进入草梁（今釜山市中区南浦洞、新昌洞、中央洞、光复洞一带）倭馆的设门时的行列场面。第八幅描绘了倭使抵达草梁倭馆的客舍后，肃拜象征朝鲜国王的殿牌的场景。第九幅描绘的是诚信堂与宾日轩（朝鲜通译官的办公室与住所）全景。

前文所见的正是《东莱府使接倭使图屏》的第十幅。东莱府使为抵达朝鲜的倭使举办了多场宴会。首先，倭使刚下船抵达东莱，迎接他们的便是"下船宴"。随后倭使奉呈对马岛领主献给东莱府使的书信，这被称为"茶礼仪"。倭使结束任务离开东莱之际则有"上船宴"。这一系列的宴会被统称为"宴享仪"，其中第十幅描绘的便是东莱府使在宴大厅为即将返回对马岛的倭使举办的上船宴场面。

另外，名为《东莱府使接倭使图屏》的屏风共有三件。韩国国立中央博物馆与韩国国立晋州博物馆各收藏一件，原本两件都藏于韩国国立中央博物馆，但韩国国立晋州博物馆更名为"壬辰倭乱专设历史博物馆"后，其中一件便移交至晋州。最后一件藏于日本东京国立博物馆。三件《东莱府使接倭使图屏》的内容大同小异，全部出自朝鲜佚名画家之手。据推测，其中一件首先完成，另外两件都是以它为范本绘制的临摹作品。

"馔七味、酒九酌"

让我们重新把视线转回韩国国立中央博物馆收藏的第十幅画作。摆放在东莱府使、釜山金使与倭使一行四人前面的是什么食物呢？虽然仅凭画作很难确认，但1802年（朝鲜纯祖二年）刊行的《增正交邻志》记录了包括食物构成在内的宴享仪内容，我们可以由此推测出大致情况。《增正交邻志》由负责外语笔译与口译的司译院的堂上译官金健瑞及其同事李恩孝、林瑞茂等人一同编撰而成，记载了朝鲜后期与日本等多国间的外交关系与仪礼流程。

《增正交邻志》第三卷的"宴享仪"记录了东莱府使为日本使团举办宴会的流程。记录以"仪如茶礼，而插花、动风乐、呈妓戏"为开端。画作中，跳舞的妓生与坐在乐工前面的妓生的头上应该也都插着红色纸花。

随后，"馔七味、酒九酌讫，各于交椅前平排坐"。但在画作中，东莱府使、釜山佥使及倭使一行并非平排坐在交椅上。在这句话后面还有一条注释："上船宴则无平排坐。"由《增正交邻志》这一内容可知，画作描绘的正是上船宴的场景。

出席者落座后，"进茶床"的同时行"九酌"。"通引进酒于府使前，则府使举而送于正官。又进酒于正官，正官举而送于府使前，交相摸饮。府使两巡，正官一巡，合三杯。"到此为止是东莱府使负责的三酌。

"都船主亦如之"，到此为止是东莱府使负责的另外三酌。"押物、侍奉依次行之"，东莱府使与押物、侍奉之间往来的送酒是最后的三酌。如此，一共九酌结束。随后，坐在东莱府使右侧的釜山佥使也按这种方式传杯饮酒。

九酌结束，"倭使于府使、佥使及训导别差之前，各进箱馔（装有食物的木头箱子）"。九酌的结束并不意味着人们在宴会上停止饮酒，"行酒数巡后，府使更劝一杯，以致殷勤，而罢"，宴会至此结束。可是酒既然九酌，那为何食物只提供

"七味"呢？据推测，可能是因为饮第一杯与最后一杯酒时并不提供下酒菜。

　　曾担任通译官的小田管作在 1841 年（朝鲜宪宗七年）出版的《象胥纪闻拾遗》中对在草梁倭馆中朝鲜人款待之酒做出了如下评价："清酒泛酸。浊酒多为小麦酿就，饮之伤腰，行走不便。除桂姜酒、竹沥酒外，名酒尚有许多，皆在烧酒中添桂皮、生姜、蜂蜜等，使其味柔和。"即便如此，他们最常饮用的还是属蒸馏酒的烧酒。但日本人并不喜欢蒸馏酒，所以将朝鲜酒评为"烈酒"。上船宴是由东莱府使在草梁倭馆主持的宴会，因此画中的人们所饮之酒应该是烧酒。

草梁倭馆人气最高的"杉烧"

　　上船宴呈上的"七味"由哪些食物构成呢？虽然《增正交邻志》没有详细记载，但在朝鲜时代的王室宴会上，一般一味由一份汤与三四道小菜组成，在上酒时一同端出。不过担任裁判（对马岛派驻草梁倭馆负责交涉日朝间外交问题的官员）的雨森芳洲（1668—1755）在《裁判记录》1730 年阴历八月二十九日章记录了"上船宴"的接待饮食：

> 豆饼高一尺，豆姜饤高八寸五分，赤白饼高七寸，白饼高六寸
> 五分，鳕鱼、鲂鱼、鲽鱼、青鱼、鲍鱼、牛肉、章鱼、雉鸡腿，荞麦
> 面一钵，白切猪肉一皿，炙牛肉一钵，松子、柿饼、栗子、枣、核桃
> 两碟，鲜鲍鱼两皿各三枚，生梨两皿，柿子两皿，干海参两皿，干红
> 蛤，猪小肠，猪片肉两皿，烤鱼一皿，冬瓜泡菜一皿，蜂蜜少许。

正如前文《增正交邻志》所述，九酌结束后，日本使团给东莱府使、釜山佥使、训导、别差献上箱馔。箱馔一词值得关注，一般而言，箱馔里装的是倭使在对马岛准备而来的日本食物。

在日本饮食中，最受草梁倭馆朝鲜人欢迎的是"杉烧"。当时的杉烧类似于今天的寿喜烧（すき焼），但严格来说是不同的食物。两种食物最大的区别在于，今天的寿喜烧是在铁锅里放入牛肉与葱等，用日本酱油、酒、昆布调味，而当时的杉烧则必须使用杉木制成的箱子或木板。将日本列岛常见的杉木制成箱子，用水浸泡一夜，然后放在火上烹饪食物。如此一来，杉木既不易燃烧，里面的食材也很容易熟透。

当时存在两种杉烧，一种是有汤汁的"杉箱烧"，一种是没有汤汁的"杉板烧"。要想烹饪杉箱烧，必须有杉木制成的箱子——杉箱。将肉汤与大酱倒入杉箱煮开，再放入鳕鱼、应季海鲜、各种蔬菜等煮熟食用。杉板烧则是把杉木板架在炭火上，再在板子上炙烤食材。两种食物都会散发出杉木的香味。

曾担任朝鲜语通词即朝鲜语通译官的对马岛人小田几五郎（1754—1831）记录了朝鲜人对杉烧真挚的喜爱之情："前番东莱府使赴宴时，依其请制杉烧。观其气色甚悦，所余皆赏官女、女乐人（跳舞的妓生）。嘱余携至宴大厅而食。非惟府使所好，汉阳两班亦然。"

杉烧之外的高人气日本食物

汉阳出身的李学逵（1770—1835）于1801年（朝鲜纯祖元年）被流配至草梁倭馆附近的金海，在此生活了24年。按他的说法，日本人在倭馆招待朝鲜高官与译官的日本食物中，最受欢迎的是"胜歌妓"。胜歌妓的汤汁虽然不及神仙炉，但客馆里的人将这道菜当作下酒菜，饮酒至深夜。

相较达官显贵或许能够尝到的朝鲜神仙炉，胜歌妓则只要付钱便能尝到，连衙前①小吏都能一饱口福，可见其人气非同一般。李学逵对此讥讽世态称，金海的衙前连诗句都写不好，却能为了食用胜歌妓"一递千镪未云多"。在金海街头，除了胜歌妓之外，乌冬面、日式荞麦面、柑橘以及名为饴玉的糖也很受欢迎。

沈鲁崇也是汉阳人，与李学逵同年被流配到庆尚道机张县（今釜山市机张郡），并在此生活了6年。他在流配期间经常前往附近的东莱购买日本物品。最受他关注的是被称为"倭炉"的日本暖炉，以及日式五层馔盒。此外，沈鲁崇在汉阳时已十分喜欢荞麦面，他食用了机张人从草梁倭馆买回的日式荞麦面后，恢复了精气神。

19世纪初，生活在汉阳的凭虚阁李氏在《闺阁丛书·酒食议》中撰写了"倭面"的烹饪法。倭面"煮熟即食泛咸，味道不佳。浸泡数时，以去咸味。洗净，用于五味子汤或芝麻汤"。另外，《酒食议》还介绍了另一种名为"倭柑子正果"

---

① 衙前，朝鲜时代在中央与地方各官衙工作的下级官吏。——译注

的日本食物，"别名柚柑，瓤味似柑，皮形似柚。剥皮如剥柚，瓤则沿瓣状细剥，不伤其皮。果皮煮熟，放置一旁，化蜜浇之"。

不仅如此，李学逵还提到金海富有的衙前们还会使用日本折扇，他们的家中备有日本产的纸张与砚台，屋檐挂着日本产的琉璃风磬。甚至日本赌博也相当流行，夫人们撑着日本阳伞阔步走在大街上。我们透过李学逵的眼睛，可以看到在 19 世纪初的倭馆与金海倭俗盛行一时的情况。

实际上进入 17 世纪后，朝鲜与日本在釜山的倭馆展开了非常频繁的交易。中国产的丝织品及生丝、朝鲜产的人参是倭馆商人们最喜欢的物品。朝鲜商人以此换取日本的白银。进入 18 世纪中叶后，交易的商品发生了变化，日本商人购买牛皮、木棉、大豆、明太鱼、人参与各种药材，朝鲜商人购买制作黄铜器所需的铜。随着时间的推移，通过倭馆进行的贸易量不断增加。自然而然，从 18 世纪末开始，不仅倭馆及附近商人，官员、译官、衙前也满手都是日本制造的物品。

居住在草梁倭馆中的人，仅对马岛出身的成年男性就有500多人。1876年（朝鲜高宗十三年）《朝日修好条规》《朝日修好条规附录》及1877年（朝鲜高宗十四年）《釜山口租界条约》等一系列不平等条约的签订，使草梁倭馆逐渐变成日本的专属租界。1910年《韩日合并条约》签订后，东莱更名为"釜山"，并一直沿用至今。在殖民地时期，釜山最大的繁华街道——本町就建在草梁倭馆东馆的原址上，这一带仿佛是朝鲜半岛中的日本。从1945年光复到1965年韩国与日本恢复邦交，甚至到20世纪80年代中期为止，这里都是日本食品传到朝鲜半岛的头号窗口。

《大快图》
刘淑，
1846 年，
104.7×52.5 厘米，
首尔大学
博物馆藏品

第十八章
天下虽乱，仍以酒盏
与饴糖梦想太平盛世

这幅竖轴画作尺寸较大，大致可分为三个区域进行观赏。首先，画作上端可见山麓与低矮的山丘，右侧描绘着一处雉城（使城墙的局部向外突出而砌成的部分），由此可见画作场景发生在城郭外。画作中间，两人一组正在比试摔跤与跆跟，周围围了一圈观看竞技的观众。画作下端绘有比赛场地的入口。

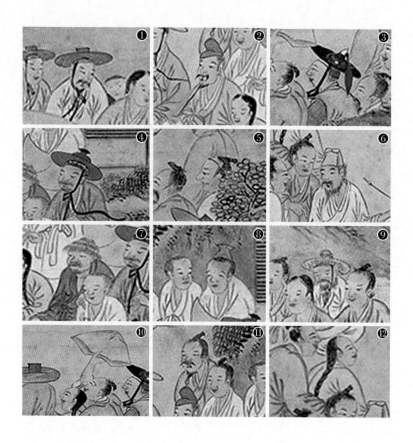

观众的身份是什么？

　　观看摔跤和跆跟竞技的观众超过 60 人，他们的发型各不相同。19 世纪末访问朝鲜半岛的西方人异口同声地称朝鲜为"帽子之国"。而朝鲜时代男性的帽子尤其是体现身份与职业的象征。现在让我们通过画中观众的帽子来了解一下他们的身份吧。

1. 身穿长袍、头戴纱帽的士大夫

2. 绾髻、缠网巾、戴宕巾的士大夫

3. 身穿贴里①，头戴红色象毛装饰的战笠②的武官

4. 头戴朱笠③的武官

5. 绾髻、缠网巾的士大夫

6. 头戴屈巾（丧主戴的帽子），把木屐放在一旁的庶人

7. 头戴无帽尖的圆锥形松罗笠的僧侣

8. 头戴竹制坎头④的僧侣

9. 头戴平阳笠的商人

10. 把头上戴的斗笠拿在右手，呐喊助威的人

11. 只绾髻的人

12. 总角垂髫的少年与孩童

    并非只有这些人。雉城上也有三名头戴斗笠、身穿长袍的年轻士大夫与一名孩童正倚在城墙上观看摔跤与跆跟竞技（见图1）。雉城外墙处也有一名孩童探头探脑。而在通往城郭的山路上，一名蓬头青年双手抓住背上背着的包袱，一边走路一边观看摔跤（见图2）。

---

① 贴里，直领式武官服。——译注
② 战笠，朝鲜时代武官所戴的帽子之一。——译注
③ 朱笠，涂着红漆的朝鲜时代的纱帽。——译注
④ 坎头，一种戴在头上的纱帽。——译注

图1 图2

　　我们再把视线转移到画作下端。画面右侧，以身着红色别
监服装之人为中心的三名男子正一边交谈一边走进空地（见
图3）。此处正是举行摔跤与跆跟竞技场地的入口。蓬头青年
与穿着红色短袄的孩童刚经过入口往里走去。在他们身后，一
名坐在席子上的男性摆开四个酒缸、两个瓷酒杯与盛下酒菜的
食盒，正在卖酒（见图4）。穿袍戴帽的士大夫男性与头戴黑

图3 图4

帽的下级官员似乎已经饮用了一些酒，两颊通红。他们的旁边还有一名穿袍戴帽的男性，他一边探囊付酒钱，一边与身边的下人商量着什么。

图5

画作左上方写有画题（见图5）。标题为《大快图》，意思是"兴高采烈之画作"。旁边用小字题有："丙午，万花方畅时节。击壤世人，写于康衢烟月。"这幅画作的画者是汉阳中人出身，担任图画署画员的刘淑（1827—1873）。在他的一生中，丙午年是1846年（朝鲜宪宗十二年），因此刘淑是在年满十九岁时绘制了此画。

画题中称"万花方畅时节"，那么时间应该是阴历五月初五日的端午时分。虽然如今看上去很是稀罕，但直到20世纪50年代为止，端午在京畿道以北还是与新年不相上下的大节日。端午是一年中阳气最旺盛的时节，各家轮流互助插完秧后，一年的农活就算是拉开了序幕。然而在与酷暑抗争，辛苦锄禾的日子到来之前，人们需要开展一次娱乐活动，活动时间会安排在端午前后。端午当天，人们在集市附近举行摔跤比赛。

"击壤世人"指的是生于太平盛世、蹬足嬉戏的人。这句话的来源与中国的尧帝有关。尧帝前往一个村庄观察百姓的生活，看到壤父击壤而歌，顿时知晓这便是太平盛世。"康衢烟月"意为"在雾气中，街衢被月光隐隐照映的样子"，这是和平景象的象征。

还有一幅画作与刘淑的《大快图》非常相似，该画现收藏于韩国国立中央博物馆，画作上端增加了轿子与轿夫、妓生与三名男性的形象。这幅画作中也有"万花方畅时节，击壤老人，写于康衢烟月"的画题。区别只在于"丙午年"与"乙巳年"，以及"击壤世人"与"击壤老人"两处。画题下面虽题有申润福的号"蕙园"，但从它与申润福的画风相去甚远来推测，应该是某个佚名画家在乙巳年（1905）临摹了刘淑的《大快图》，并题下"蕙园"二字。

摔跤、跆跟、糖贩

我们再来观赏一下刘淑的《大快图》。在画作中央，两人正在摔跤，他们的摔跤方式并不是现在常见的"左式摔跤"（见图 6）。左式摔跤的方式是用左手抓住对方腿绳，肩膀抵着肩膀，右手抓住对方腰带把对方摔倒。画作中的是"腿带式摔跤"，是在自己右臂上缠几圈布条，再把布条绑在对方的左大腿上进行的摔跤，不需要抓住对方的腰带。画作中的摔跤手把蓝色棉布缠在对手的左大腿处，并用右手抓住。

稍下是两个人在较量跆跟，他们身穿日常服装，腰间甚至还拴着袋子（见图 7）。即便如此，他们仍把长袍别在后腰上，光着脚参加比赛。两人都张开双臂——跆跟里的这个动作被称为"振翅"，是鸟张开双翼的模样。站在左边的人双腿呈外八字，右边之人左腿在前，右腿在后。两人像鸟一样大开臂膀跳跃而起，伺机以腿攻击对方。

图6　　　　　　　　　　　　图7

　　在跆跟竞技附近，有一人双手托着四角木托盘（见图8）。他头上虽然缠着网巾，却没有穿罩衫或长袍。在这个商贩的托盘上，整齐摆放着的细长白色食物看上去像是饴糖。在凝神屏气观看比赛的观众中，也许会有需要食物的人。糖贩便是看准这种时机向他们兜售饴糖。

图8

也许在人们云集竞技场的前一天晚上，糖贩便已经忙着用水浸泡糯米、粳米或高粱，煮成米饭，再收拾好事先准备的麦芽酵母。麦芽酵母是制作饴糖不可缺少的发酵剂，而由小麦制作的麦芽酵母品质最佳。用水把收获后晒干的小麦浸湿，再放到阳光下晾晒，每天浇一次水，等麦子长出根须。然后将麦子铺在席子上，反复浇水，新芽随之冒出。最后晒干磨成粉，所得到的产物便是麦芽酵母。

准备好麦芽酵母与谷物煮成的饭，就可以正式开始制作饴糖了。把麦芽酵母拌入米饭，装进大缸，放在暖和的地板上，再盖上棉被，将温度维持在 60—70 度。发酵 7—8 个小时后，谷物的淀粉开始融化，释出带甜味的清水，这一过程被称为"糖化"。把糖化完成的糖稀的水分挤干，放进锅中用小火熬煮。此时需用勺子持续搅拌，以免结块。放凉，黑色的饴糖就完成了。两人分别抓住饴糖两端，多次抻扯，黑色将转变为白色。最后用剪刀或刀子把做好的饴糖切块，装进木托盘，准备工作便告一段落。

携酒人准备的酒水与下酒菜

在街上摆摊卖酒的人被称为"携酒人"或"携酒贩子"，意思是携带酒瓶出来的人。在朝鲜时代，携酒贩子一般都是女性，但图中的携酒贩子是一名男子。他把席子铺在地上，准备了大小不一的酒瓶和四个瓷酒杯（见图9）。酒贩子当天的生意似乎不错，他正一手握着瓶颈往酒杯里斟酒。从酒的颜色来看，应该是浊酒，而酒瓶口也很宽，是适合装浊酒的宽度。与浊酒相比，酒精度高的清酒或烧酒挥发性更强，因此酒瓶口较窄。

图9

在摆着酒瓶与酒杯的木板上，还放着一个红蓝漆相间的食盒。食盒的盖子敞开着，里面的黄色食物应该是糕点或者饼干，如果说是用来搭配米酒的下酒菜，那糕点的可能性更大。真正的酒徒会觉得甜饼不适合用来下酒。

那么，这是什么糕点呢？当时人气最高的糕点是粘切饼。粘切饼不容易变硬，所以像画中的场面一样，适合在郊外长时间放置并进行销售。粘切饼的制作方法是把煮熟的糯米或粳米放在糕点板上，用糕杵多次捶打至出现韧性，最后定型。尤其裹上黄豆粉后，不仅香味俱全，而且切好的粘切饼也不会粘在一起，可以长时间食用。客人只需支付一杯酒的价钱，就能得到一块免费提供的粘切饼作为下酒菜。

太平盛世，举办摔跤与跆跟竞技的场所在哪里呢？从城郭的雉城来看，有人认为此地位于汉阳东大门南侧的光熙门外。如果说东大门——兴仁之门是供官方出行的四大门之一的话，那么光熙门就是供百姓出入的门。现在的光熙门已移离原位置10多米，画作中丘陵与山麓所在的位置现在建筑林立，因而绝对说不上相似。而把雉城描绘成墙砖的模样也不见于100多年前拍摄的光熙门照片。另外有研究称，从朝鲜后期到20世纪中叶，汉阳以摔跤与跆跟出名的竞技人大部分生活在东大门与光熙门内外。而画作中"腿带式摔跤"是曾风靡汉阳往十里、纛岛、广渡口等地的摔跤方式。

刘淑为何偏偏描绘 1846 年在汉阳南山与光熙门外举办的摔跤与跆跟竞技，并命名为《大快图》呢？ 1846 年之前，朝鲜自然灾害频发，政治混乱不堪。虽然宪宗（1827—1849，1834—1849 年在位）仍保有国王之位，但其祖母纯元王后金氏垂帘听政，因而安东金氏一族势力如日中天。1841 年，瘟疫蔓延全国，国家还以旱灾为借口禁止插秧耕作法。1845 年，清川江流域发生大洪水，4000 多户民宅被淹，500 多人死亡。

在如此混乱的时期，刘淑是不是怀着对新世界到来的期待而绘下这幅大尺寸的画作，并取名《大快图》呢？但是在 30 年后，朝鲜却在日本的强迫下签订了向外国势力开放门户的《江华岛条约》，马不停蹄地奔向衰落之路。

第四部

与异国、近代的相遇：

19世纪后半期至20世纪初期的

饮食史

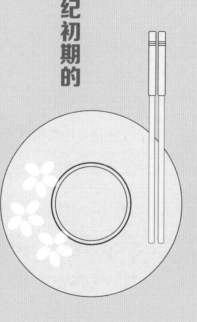

朝鲜从 1876 年与日本开始，1883 年与德国、英国，1884年与俄罗斯、意大利，1886 年与法国接连签订通商条约，正式向外国开放门户。西方的外交官、传教士、旅行家、商人经由中国或日本通过开港的港口进入朝鲜，葡萄酒、干邑白兰地等酒与罐装异国食品开始流入朝鲜。

朝鲜政府的官员热情地迎接了西方人。西方人虽然不擅长使用筷子，但努力适应朝鲜饮食。其中最具代表性的人物是美国人乔治·克莱顿·福克（George Clayton Foulk，1856—1893，汉字名：福久），他在朝鲜的报聘使 1883 年抵达华盛顿特区时曾担任翻译。以此为契机，福久在 1884 年 5 月 31 日经由济物浦抵达朝鲜，先后两次在朝鲜的北部与南部一带旅行并每天撰写日记。他甚至在日记中画下了全罗观察使款待他的饮食。虽然这比国王赐宴的级别略低，但其构成非常相似。他特别在日记中生动地记录下了品尝琼团糕与荞麦面的感想。

这一时期也出现了去海外旅行的朝鲜人。包括俞吉濬（1856—1914）在内的 1883 年访问美国的报聘使一行是最早环游世界的朝鲜人。 而闵泳焕（1861—1905）作为朝鲜政府的代表出席了在圣彼得堡举行的俄罗斯末代沙皇尼古拉二世（1868—1918）的加冕仪式后，巡游北美大陆、西欧、西伯利亚等地后回国。

随着与西方人共餐机会的增加，朝鲜政府为广泛宣传西方的饮食礼仪而努力。相当于当今教育部的大韩帝国学部于1896年出版了英国汉学家傅兰雅（John Fryer）用中文整理西方礼法的《西礼须知》，1902年再将该书翻译成韩文，以《셔례슈지（西礼须知）》为题出版。该书收录了刀、叉、勺子的使用方法等与西方人的交往礼法。

1897年10月12日，朝鲜王室宣布大韩帝国成立，建立以皇帝为中心的专制君主统治体制。1898年符合大韩帝国地位的国家典礼礼书——《大韩礼典》刊行，书中包括皇室举办的西式宴会上出席者的座位安排规则等。由此可见，第四部所讨论的《韩日通商条约缔结记念宴会图》的座位安排也遵循了西式规则。

19世纪末，以前难得一见的西方人越来越多地出现在朝鲜。在世界各地旅行的西方人虽然也随身携带照相机，但未携带照相机的西方人也想把朝鲜的风俗绘入画中带回自己的国家。当时深受西方人喜爱的画家就是箕山金俊根（?—?）。金俊根的绘画明确蕴含朝鲜的风俗，反映了西方人的视角，在形式上也是用西方的插图手法绘制的。朝鲜人遇到西方这个他者后，意识到了"朝鲜式的东西"，开始将此典型化。第四部介绍的《压面条的模样》《新妇宴席》就是金俊根的绘画。

伴随着开港，朝鲜开始融入世界食品体系中。朝鲜人的餐桌上逐渐摆放起用并非"朝鲜式"的食材制作的食物。只有在朝鲜王室、京华世族和地方官衙才能品尝到的宴会食物，在名为"朝鲜料理店"的地方进行商业销售。大韩帝国最终在 1910 年 8 月 29 日被日本夺走了国家权力，本书中的最后一幅绘画《塔园屠苏会之图》展现了失去国家之人的哀恻心情。

《韩日通商条约缔结记念宴会图》
安中植，1883年，35.5×53.9厘米，
崇实大学韩国基督教博物馆藏品

第十九章
餐桌上的西餐
讲述的故事

　　这幅画乍一看描绘的像是朝鲜时代的宴会场面，但十二人端坐在像设计图一样整齐的高立式餐桌前。餐桌上没有朝鲜食物，而是放着西餐与餐具。餐桌中间的两端摆放着两座长烛台、两个插满花朵的花瓶，还有五种颜色各异的饤饾。

　　我们来看一下出席者。穿朝鲜官服的有五人，还有穿着士大夫外出服的两人与一名身着裙装的女性。身穿日式服装的两人坐在两端，虽然只看到背影。在两端的对面，可以看到身穿中式改良服、头戴帽子的男子与身着裙装、戴着项链的女性。

现在我们把视线转移到餐桌上。桌上放着长刀叉与勺子，还有白色陶瓷水壶、嵌有多个白色凸起的碗、盖着盖子的六角形碗、带把的白色与深色的杯子、矮脚的托盘。仔细观察画作，可以看到其他朝鲜时代绘画中罕见的异国陌生风情，这不禁让人产生奇妙的感想。这次宴会到底是为了纪念什么事情呢？

举办宴会的契机

1876 年阴历二月初三日辰时（上午 7—9 时），在江华岛的江华府官衙内，朝鲜政府代表申櫶（1810—1884）与日本政府代表黑田清隆（1840—1900）在修好条规上互相签名盖章。在历史书中，这一条约被称为《朝日修好条规》，也被称为《江华岛条约》。

日本通过该条约赶在其他国家之前使朝鲜打开港口，利用朝鲜官员没有签订国际协约的经验，悄无声息地签订了零关税条约。此后朝鲜接连与西方各国建立了外交关系，才得知关税自主权受到了侵害。朝鲜政府为将无关税条约改为有关税条约，与日本进行了多次交涉，但日本政府没有同意。

朝鲜政府推迟了与日本政府的交涉，于1882年阴历四月初六日与美国政府签订了《朝美修好通商条约》，之后与英国、德国政府先后签订了规定关税及出口税等的通商条约。因此，日本政府无法再坚持零关税贸易。1882年阴历五月，最终日本政府迫不得已任命花房义质（1842—1917）为公使（仅次于大使的外交使节），派他赴朝鲜进行协商。

但同年阴历六月初九日爆发了壬午军乱。携带新式武器的别技军被培养出来，而朝鲜政府足足13个月没有向旧式现有军人支付薪俸，于是引发了叛乱。旧式军人为了抗议赞助新式军队的日本政府，袭击了入驻现在首尔市西大门区附近清水馆的日本公使馆，放火焚烧，杀害了13名日本人。花房义质好不容易逃脱，经由仁川回到了日本。

1882年阴历十二月初，因朝鲜人民厌恶日本而感到惊慌失措的日本政府任命竹添进一郎（1842—1917）为办理公使，派其赴汉阳。竹添进一郎请求美国驻朝鲜公使予以协助。美国公使介绍了当时担任朝鲜政府财政顾问的德国人穆麟德（Paul Georg von Möllendorff, 1848—1901）。1883年阴历六月二十二日，在穆麟德的帮助下，竹添进一郎在位于今首尔中区斋洞的统理交涉通商事务衙门（负责外交事务的官衙）的办公室与朝鲜政府代表闵泳穆（1826—1884）签订了《朝日通商章程》。

上文中的绘画绘制了纪念《朝日通商章程》的签订而举办的宴会。出席者包括两国代表、统理交涉通商事务衙门的官员、日本政府的随行人员以及穆麟德夫妇。画家是沈心田安中植（1861—1919），他是1881年朝鲜政府派往中国天津机器局的研修生之一。曾是图画署画员的他在天津学习了绘制机械、建筑物、工业产品等图纸或图案的西式制图技术，相关经验可能对《韩日通商条约缔结记念宴会图》的画法产生了影响。

出席者与座位安排

此次宴会的主办者是坐在最左边的闵泳穆（见图1）及其对面的洪英植（见图2）。主宾是坐在闵泳穆右侧的竹添进一郎，坐在闵泳穆左边的是促成这次宴会的穆麟德。回想本书至今为止讲述的朝鲜宴会记录画，可知地位最高的人坐在背朝北的北壁，其他人按次序坐在东壁与西壁。但《韩日通商条约缔结记念宴会图》的座位安排与此截然不同。餐桌上的食物不是朝鲜式的，座位安排也采用了其他原则。

图1　　　　　　　　　　　　　　　　图2

| | ❷ | ❻ | ❿ | ❼ | ❸ | |

主办者①　　　　　　　　　　　　　　　　　　　　主办者②

| | ❶ | ❺ | ❾ | ❽ | ❹ | |

主办者①闵泳穆（1826 年生，58 岁），督办交涉通商事务。

主办者②洪英植（1855 年生，29 岁），协办交涉通商事务。

❶ 客人竹添进一郎（1842 年生，42 岁），全权大臣办理公使。

❷ 客人穆麟德（Paul Georg von Möllendorff，1848 年生，36 岁），协办交涉通商事务。

❸ 客人罗莎莉·冯·穆麟德（Rosalie von Möllendorff）。

❹ 客人副田节，办理公使副官。

❺ 出席人赵宁夏（1845 年生，39 岁），督办军国事务。

❻ 官员李祖渊（1843 年生，41 岁），参议交涉通商事务。

❼ 官员金玉均（1851 年生，33 岁），参议交涉通商事务。

❽ 出席人妓生。

❾ 出席人士大夫。

❿ 官员卞元圭（似为 1837 年生，30 岁后半），参议交涉通商事务。

大韩帝国时期皇室图书馆的现代继承者——韩国学中央研究院藏书阁藏有大韩帝国掌礼院于 1898 年出版的《大韩礼典》的唯一版本。其中第五卷《宾礼序例》中收录了外国使臣的地位高低与宴会时的座位安排图——《宴享图》，其规则与《韩日通商条约缔结记念宴会图》的内容一致。尽管《大韩礼典》是在韩日通商条约缔结记念宴会举办 15 年后出版的书籍，但统理交涉通商事务衙门的官员当时也熟知西式座位安排规则，因此按照该规则排列了座次。

主菜是肉排，酒是西洋酒

当时朝鲜官员将一面坐一人的立式餐桌称为"四仙床"，将五张四仙床拼接在一起，就能拼成画中一样宽大的餐桌。餐桌上铺有两张被称为"食床袱"的白色桌布，周围布置了被称为"食床交椅"的椅子。宴会向每位出席者提供了一把西式餐刀与一把餐叉，还有两把用途不同的勺子。我们在图中还可以看到装有盐与胡椒的调料盒 caster、装有方糖的粉青瓷器盒（见图 3）。

图3

那么这次宴会的主菜是什么呢？从画中的食物外观来看，很像是肉排（cutlet）。肉排是将小牛肉或鸡肉、羊肉稍加盐腌制后沾上面包粉烘烤或油炸而成的法国料理。今日日本的炸猪排就是这种对肉排进行改造后的食物。

1883年12月访问朝鲜的美国天文学家帕西瓦尔·罗伦斯·罗威尔（Percival Lawrence Lowell，1855—1916）在纪行文中写道，当时统理衙门有日本厨师长。该日本厨师原本在西方的贸易船上从事辅助厨师长的工作，从而学习了西餐烹调法，并计划在朝鲜开一家西餐与日餐专卖店，暂时在统理衙门工作。虽然罗威尔来到朝鲜时是《朝日通商章程》签订以后，但画中准备肉排的厨师也可能是这位日本人。

出席者的面前摆有五个不同形状的杯子。从杯子的形状看应该是酒杯与饮料杯，白色的瓷壶应该装有饮料，插着软木塞的酒杯里装有的应该不是葡萄酒，而是威士忌与杜松子酒，还有烧酒等酒精度较高的蒸馏酒。

1882 年 12 月 20 日的《汉城旬报》介绍了当时朝鲜进口的多种洋酒。白兰地用汉字写成扑兰德，威士忌写成惟斯吉，香槟写成上伯允，混合酒樱桃 cordial 写成樱酒，gin 写成杜松子酒。蒸馏酒中加入水果、果汁、草药等，用糖、蜂蜜、糖浆制作的甜味混合酒 liqueur 写成哩九尔，rum 写成糖酒。这次宴会上也许提供了其中一种酒，尤其是画中出现插着看起来像软木塞的瓶盖，可以推测出席者应该是喝了威士忌。

餐桌的中间摆放着一对花瓶、一对烛台与五盘钌饀（见图 4）。插在两个花瓶里的花朵看起来像是菊花与玫瑰。正如此前对多幅画作的介绍，朝鲜王室的宴会上从不缺少花卉装饰。只是与此前经常使用纸花不同，西式宴会上用上了鲜花。

图4

　　画中出现的饤饾与王室宴会上的饤饾并无二致。红色的饤饾可能是用蜂蜜炖制的大枣果堆积而成的，草绿色的饤饾可能是涂上松笋粉的江米块，中间摆放的黄色饤饾应该是堆放起来的黄栗（晒干后剥去外壳与内皮的栗子）。

　　举办宴会的场所应该是闵泳翊（1860—1914）的旧居。他是当时王室的外戚，也是手握大权的明成皇后（1851—1895）的亲侄子。他于1882年12月被任命为协办交涉通商事务后，在自己的旧居中设立了统理交涉通商事务衙门的办公室。该住宅从外面看是普通的朝鲜瓦房，但内部按西式风格装修，也被用作外国客人的住处。

　　曾是该住宅主人的闵泳翊在宴会举行的几天前，即阳历7

月 15 日从济物浦港出发，经由横滨港登上了前往美国旧金山的轮船。朝鲜政府此时努力从西方各国引进新文化。绘画中宴会餐桌上出现的西餐与餐具，还有座位安排规则都是这种努力的结果。但遗憾的是，此后朝鲜未能凭借自身的力量走上近代化道路。

《压面条的模样》
金俊根，19 世纪后半期，25×20.5 厘米，
德国柏林民族学博物馆藏品

第二十章
人爬上面榨机的
缘由

绘画右上角写有《压面条的模样》的题目明确地展示了这幅画的主题。灶台上放着用两张长木板连接而成的面榨机，一名梳着发髻的男性爬在上方用力压面榨机。下方的锅中，刚从面榨机中压出来的面条像落雨一般掉下来。另一名男性右手抓着面榨机的操控球，左手用棍子搅着锅中的面条。

灶台内侧的房间里，一位梳着两分头的女性嘴里叼着烟枪看着这一情景。炉灶里燃烧着枝条，可知锅中水已沸腾。左侧角落的狗腿小桌子上堆放着酒瓶与碗碟，下面放着瓦盆。两名男性只是把头发往上扎起来，看起来像是仆人。叼着竹制长烟枪的女性，从其打扮来看，应该是酒肆的老板娘。这或许是小酒馆或是专门出售面条的饭店。

箕山金俊根及其绘画

在韩文画作名下，题有汉字落款"箕山"。箕山是 19 世纪末在仁川济物浦、釜山草梁、元山（当时属咸镜道，今属朝鲜江原道）等地活动的画家金俊根。在汉阳大学名誉教授赵兴胤的努力下，箕山被确认是韩国最早的欧洲文学作品翻译书《天路历程》的插图画家金俊根。但金俊根的具体人生经历仍然蒙着一层神秘面纱。

与《压面条的模样》的绘画方法或题目的标记方式相似的画作收藏于韩国国内崇实大学韩国基督教博物馆、韩国国立民俗博物馆，以及德国、丹麦、荷兰、法国、英国、奥地利、俄罗斯、美国、加拿大等地的博物馆。如果把这些作品全部计算在内，则超过 1400 幅。

金俊根的绘画方法与金弘道、申润福绘制风俗画的方法截然不同。他的绘画中线条流畅，人物与事物的描画清晰，技法表现熟练，但与18世纪至19世纪中期的风俗画画法相去甚远。金俊根仿佛是最能描绘出当时到达朝鲜的西方人要求的"最朝鲜的样子"的画家，因此比起在国内，金俊根的名声反而在西方人之间流传更广。于1882年签订《朝美修好通商条约》的罗伯特·薛斐尔（Robert W. Shufeldt，1822—1895）提督在1886年应高宗的邀请访问过朝鲜，他的女儿与他一起抵达朝鲜，她为了获取金俊根的绘画，甚至亲赴釜山草梁。

美术史学家申善暎认为，金俊根的绘画主要是在开港场所根据外国人的需求创作的出口画。按她的推测，这些是以反映朝鲜人生活的画作为模本，由多个画家照此大量绘制的画作。迄今为止，国内外博物馆收藏的为人所知的金俊根绘画中，存在许多同画名且相似的场面，但不存在完全相同的画作。也许更可能的是，金俊根画好了脸庞、身体、着装等要素的模本，他的同事们将这些要素组合在一起绘制出来。

现在我们看到的画作刊载于1958年民主德国出版的《箕山的韩国旧画：风景与民俗》（KI-SAN Alte Koreanische Bilder: Landschaften und Volksleben）一书中。财政顾问穆麟德1882年至1885年留居朝鲜时收集的画作被他的女儿捐赠给了德国柏林民族学博物馆MARKK，后来由研究韩国学的德国人海因里希·容克（Heinrich F. J. Junker，1889—1970）主导出版。当时收录的画作是将金俊根的绘画原件制作成版画，然后再用纸张印刷。

抓住绳子躺在面榨机上

画中描绘面榨机用汉字标有"面榨机"三个字。徐有榘在《林园经济志》的《赡用志》中，以"面榨"为题介绍了两种面榨机。一种是广泛使用的一般面榨机，另一种是速成面榨机，客人突然到访时可以迅速制作面条。徐有榘描述的一般面榨机的形状与画中的面榨机相似：

> 用合抱大木削治，令腹饱两头，杀于腹正中，凿一圆穴，径可四五寸。准穴之围，径铁作圆槃，乱凿细孔，槃围有缘嵌入于穴底，而环缘钉小铁钉以固之。

据推测是殖民地时期使用的面榨机。韩国国立民俗博物馆藏品

这是对面榨机的粉桶的说明。画中站在灶台前的男子用右手抓着面榨机的操控球，下方的圆筒即粉桶（见图1）。粉桶上面有供操控球出入的孔洞，下方在孔洞处贴有若干铁片。若把面团放入粉桶中，用操控球用力按压，面团就会经由孔洞的铁片而被拉长，然后往下掉。接下来我们来看一下徐有榘的说明。

图1

凡作索面置榨锅上，左右架木，令榨穴正当锅上而离锅口二三寸。锅内滚水，搜面为剂，捻作团块入于穴腹。

我们从图中可以看到，面榨机的粉桶与锅的口部恰好适配。上下都是长木板，即压板与支架的末端连接在一起，可以像夹子一样移动。对面的墙壁上像悬挂画作一样悬挂着梯子，人爬上压板用力压的话，操控球就会进入粉桶的孔洞里（见图2）。但徐有榘的说法是把面团放入面榨机中。

图2

　　没有必要为把面团做成面条而花费这么大的精力。含有植物蛋白混合物谷朊（gluten）的面粉，加水揉搓后会产生黏性，因此用手也可以轻易拉抻，然后用刀切成面条即可。把面团放入面榨机中的话，没有必要让人爬上去再把面条压制出来。用荞麦粉、绿豆粉或马铃薯粉面团制作面条时才需要面榨机。荞麦、绿豆、土豆中几乎没有小麦中包含的较多谷朊成分，因此以此为原料制成的面团黏性较差。画作中的面条或许也是这种类型，所以左边的男性正在竭尽全力按压压板。

面榨机制作的究竟是何种面条？

无论是以前还是现在，江原道一带都会用荞麦粉和面，用面榨机像图中一样制作荞麦面。平安道与黄海道将用荞麦粉和面制作的食物称为冷面。18世纪后，荞麦面不仅在江原道、平安道、黄海道，而且也在王室中成为受人喜爱的食物。

另外，咸镜道的民众会用土豆粉和面制作"绿末面条"①，当地人称土豆粉为"绿末"。土豆粉的制作过程并不简单。先把收获的土豆洗干净，将其整整齐齐地堆放在缸里，然后倒入少许水。把坛子封得严严实实放置约三个月，土豆就会在坛子里开始腐烂。随后土豆只剩下薄薄的皮，土豆仁腐烂后变成像水一样的液体。数次细筛这些烂土豆与液体，将其过滤。再把残留物倒进木盆，绿末沉入盆底后，将浮水舀出，再倒入新水。如果连续两天重复多次这样的过程，令人不快的气味就会消失，绿末也会变成白色。把包袱布盖在沉淀后的绿末上，用阳光晒干后磨成粉，就完成了咸镜道绿末面条的主要材料土豆粉的制作。

---

① "绿末面条"，该称呼至今依然广泛用于朝鲜民主主义人民共和国，南部的大韩民国则采用"咸兴冷面"的说法。——译注

用温水揉搓绿末，它就会变得比荞麦面团更加坚硬。如图所示，将这样的面团放入大型面榨机的粉桶中，由一名成年人将全身的重量压下去，面条就会掉入水花沸腾的锅中。2008年朝鲜出版的《我们的民族料理》中写道："用土豆绿末粉和面压制面条，为了不让面条丝粘在一起，需要用筷子搅拌煮90秒左右。当面条丝浮出水面时，要迅速捞出，一边换凉水一边冲洗三四次，然后将面条摆成条状蒸去水分。"正如前文所述，金俊根曾在仁川济物浦、釜山草梁、咸镜道元山等地活动。按这样的背景，我们可以推测金俊根是不是把在元山或元山北侧的咸兴看到的风景画入《压面条的模样》中。

　　用土豆淀粉制作面条时使用的面榨机，如图所示，需要具备成人可以爬到上方的大小与结构。但在盛夏时制作绿末面条，无论是爬在面榨机上的人，还是为了不让面条粘黏在一起而用筷子搅动的人，都浑身是汗。为了帮助在狭窄厨房中汗流浃背地制作面条的人，铁匠金圭弘于1932年发明了用生铁制成的面榨机——"制面器械"。金圭弘居住在咸镜南道咸兴市南侧的西湖，绿末面条在韩国也被称为咸兴冷面，因此将这幅画作的题目改为"压绿末面条的模样"也无妨。

《新妇宴席》
金俊根，19 世纪后半期，31×38.7 厘米，
个人藏品

第二十一章
进门的新媳妇获得"大宴床"

坐在大厅地板上的三名女性各获得了放在四方小宴床上的
食物。围绕她们的屏风外侧，头扎辫子的少女们与背着婴儿头
戴头巾的妇人，以及未使用簪子随便扎着头发的妇人们正在观
看这一场景。看起来像是侍从的两位女性正在给还未获得食物
的女性布置宴床。金俊根这幅广为人知的作品与其他用韩文标

记题目的画作不同，用汉字标有《新妇宴席》。从题目来看，这是新郎家的女性们正在行醮礼，即迎接完成婚礼的新娘的场面。

安坐在座位的人中，除了最左边的人以外，其余三人都穿着褙子。褙子是妇人们在寒冷时穿在上衣外的没有口袋与袖子的衣服。褙子的表面用丝绸制成，里面放有兔毛、浣熊毛等。或许这三名身穿褙子的女性是来家中参加活动的人。

身穿褙子坐在右侧获得大宴床的女性是这场盛宴的主人公，即新娘（见图1）。对面坐着的女性是新娘的婆婆（见图2）。她在自己家中接待客人，所以没必要非要穿上褙子。坐在中间的两人从外貌上看与新娘年龄差不多，大概是新郎的嫂子们，也就是她的妯娌吧。

图1   图2

接受币帛

　　直到 20 世纪中期，韩国的婚礼依然在新娘家举行。直至
18 世纪，新婚夫妇生育子女，直到子女满周岁为止一直住在
新娘家。19 世纪以后新婚夫妇在新娘家举行婚礼，停留几天
后再赴新郎家。刚结婚的新娘去婆家被称为"新行"，新娘在
新行时一定会准备送给新郎父母与亲戚的礼物。朝鲜时代的法
典《经国大典》记载："新妇谒舅姑，酒一盆，肴馔五器，从
婢三人，奴十人。堂上官女子，则从婢四人，奴十四人。"

　　新娘一抵达婆家就问候丈夫的亲戚们，这就是第一次见
面。汇总朝鲜时代礼法的文献中，将此问候记录为"见舅姑
礼"。"见舅姑礼"中"舅"指舅父，"姑"指姑母。古代中国
的汉族非常重视父亲的姐妹——姑母，以及母亲的兄弟——舅
父，因为如果父亲去世，姑母就会代替父亲行使其职责，如果
母亲去世，舅父就会代替母亲行使其职责。12 世纪宋朝以后，
以男性血缘为基础的家父长制扩散普及开来，"舅姑"变成了
新郎的父亲与母亲的代称。

　　朝鲜半岛的情况与中国汉族不同，在高丽时代乃至朝鲜中
期，甚至直到 20 世纪中期，舅父与姑母的作用非常重要。尤

其是母亲的兄弟——舅父在决定家庭大小事情时，经常发挥巨大的影响力。朝鲜时代王室不断发生的外戚掌握权力的情况，正是国王或王世子依靠舅父的结果。但从 19 世纪前后开始，以父系为中心的家父长制也在朝鲜的士大夫家族中站稳了脚跟，即中国汉族的制度被接纳到了朝鲜半岛的日常生活中。在家父长制中，舅父的力量被削弱，而姑母与新郎兄弟的妻子——妯娌的影响力变得更强。

此外，"见舅姑礼"一词只偶见于朝鲜时代的文献中，实际生活中更常用"币帛"一词。"币帛"一词本来也诞生于中国汉族社会。在中国，新娘赴新郎家举行婚礼，新郎家人为了感谢新娘家送来女儿，会向新娘家送去名为"币帛"的礼物。但在朝鲜时代，新郎在新娘家举行婚礼，停留数日后与新娘一起回到自己的家，此时新娘家给女儿准备了赠送给新郎父母与亲戚的币帛。像这样，币帛在中国与朝鲜被赋予不同的含义。《新妇宴席》画作描绘的正是新郎家摆上从新娘家收到的食物，接受新娘问候的情景。时人称此场景为婆婆从新娘处获得了"币帛"。

摆在大宴床上的食物

　　画作中新娘面前的大宴床上，白色瓷器中整齐地装满了形形色色的食物（见图3）。这幅画中的食物画得比其他任何画都更详细，现在我来一一介绍。最外排的六种食物被装于白瓷高杯中。从新娘为基准向周围看，从最左边开始依次摆放着梨、糕点、夹心蒸糕、药果、松糕、驴打滚等食物。其中第三样食物夹心蒸糕是朝鲜后期少论①家族喜欢吃的食物，也是举办宴会时必不可少的高级食物。

图3

① 少论，朝鲜时代的党派之一，少论与老论原都属于西人党，西人党在17世纪中晚期分裂为少论与老论。——译注

夹心蒸糕包括山峰糕、豆团子、豆饼糕这三种，其中山峰糕最常出现在大宴床上。山峰糕因形状像山峰而得名。制作夹心蒸糕需要一升糯米与一勺盐，再向豆沙中放入一升半的灰色红豆（或斑点红豆）、少许桂皮粉、少许糖稀与韩式酱油。糕馅由核桃仁四粒、栗子三粒、枣六粒、少量柚子清、少许蜂蜜、松仁三十粒、少许桂皮粉等制成。

　　制作夹心蒸糕的顺序如下。先将糯米洗净，用水浸泡过夜，捞出放入箩内沥干，加盐碾细。然后将灰色红豆泡在水里，浸泡后去皮。在蒸笼上铺上笼布，将灰色红豆蒸熟，冷却后碾碎成粉末。把这些粉末再放入锅中翻炒，可以完全去除红豆粉中残留的水分。在炒好的红豆粉中放入少许桂皮粉与陈年韩式酱油，使其呈现淡淡的桂色。把这些原料混合均匀，用中等粗细的筛子筛一遍，这样就完成了红豆粉的制作。最后把核桃、栗子、大枣、柚子清混合在一起，再放入松子、桂皮粉与少许蜂蜜，搅拌均匀后，就完成了糕馅的制作。

　　准备好了所有的材料之后，就可以将这些放入蒸笼里正式蒸制。首先在蒸笼上铺上笼布，撒上足够多的红豆粉，将笼底全部盖住。在红豆粉上撒一勺糯米粉，用小勺将馅料放入其中，再用糯米粉把馅料盖上，使其凸起呈山峰状。再用红豆粉盖住上面，达到见不到糯米粉的程度。这样一层一层地堆积起来，再盖上盖子蒸熟，最后焖熟。这样就完成了金黄色的夹心蒸糕的制作。如果把这样的蒸糕整齐地堆放在白瓷高杯上，其形状既引发食欲又让大宴床增光。

第二排有九个小碟，可能放有酱油、醋、萝卜块泡菜、萝卜片泡菜、萝卜芽、南瓜芽、竹笋芽、冬瓜膳、海带等。其中冬瓜膳为由葫芦科冬瓜属植物制成的食品。将冬瓜去皮，把瓜瓤刮去，切成便于食用的块状，用油炒熟后蘸上松子粉食用。这些食物既可以当作小菜，也可以让宴会的食物增添色彩。

第三排有七种食物摆放在高脚白色瓷器中，看起来主要包括油蜜、茶食、乳蜜等。离新娘最近的一侧也有几件看起来是小碟与高杯等的白色瓷器。一般大宴床的内侧会摆放米饭、汤、面条酱汤等，但对面坐着的婆婆与其他妇人的桌子上见不到盛有这些食物的大碟，也许可以当饭吃的食物只会放在新娘的大宴床上。

初次登场的新娘

生活在 18 世纪的安鼎福（1712—1791），在 1760 年（朝鲜英祖三十六年）对两年前在自己家中举行婚礼此后一起生活，而现在即将新行离开家中的女儿嘱咐道："汝在膝下二十年，以我为天，今移天而从汝夫婿。"如果丈夫是天，那么他的父母与亲戚也如同天。

端坐在如天一般的婆婆与妯娌面前的新娘，无论得到多么奢华的食物，也绝不会露出高兴的表情。坐在对面的婆婆凶狠的目光让新娘抬不起头来。妯娌们也是一样，她们正在观察进入自家的新家庭成员的品德。对于新娘来说，这个场合就是婆家的"初次登场仪式"。

进门的新娘甚至还要成为"婆家的鬼"，无论娘家发生任何事情，新娘都不能发出自己的声音。这种认识一直延续至20 世纪。长期以来，币帛一直以婆家为主而进行，礼堂、礼拜堂、教堂仍留有币帛室。进入 21 世纪后，举办新郎与新娘两家父母都参加的币帛仪式的家庭正在增加。

《塔园屠苏会之图》
安中植，1912 年，23.4×35.4 厘米，
涧松美术馆藏品

第二十二章
新年第一天失去国家之人
饮用的"屠苏"酒

在月亮还没升起的夜晚，八个人坐在楼阁地板上一边喝酒一边谈笑，其中一人俯瞰楼阁下雾气蒙蒙的树林。楼阁的另一端，被树林遮盖身姿的白塔耸立其间。

这幅画作是用不同于朝鲜时代真景山水画的西式远近法绘制的。西式远近法包括利用消失点，在平面上展现三维空间或对象的线远近法（透视远近法），以及通过色彩调节展现距离感与空间感的大气远近法等。这幅画采用了远近法，近处颜色更深，楼阁与安坐之人的模样也更明显，但远处模糊不清。另外画作的左侧留有半边空白，这让画作的美感倍增。这幅画是20世纪形成的近代韩国山水画的典型作品。

聚集在吴世昌家楼阁上的人们

这幅画作的绘者是前文所述绘制《韩日通商条约缔结记念宴会图》的安中植。他跟随因电影《醉画仙》而声名远扬的朝鲜后期画家吾园张承业（1843—1897）学习绘画。画作左侧题有"壬子元日之夜，为园主人苇沧仁兄正"（见图1）。苇沧是三一运动33名民族代表之一的吴世昌（1864—1953）。换言之，安中植描绘的地方就是吴世昌家的楼阁。

吴世昌的家位于现在首尔钟路3街站附近的敦义洞。现在敦义洞被大型建筑包围，视野受阻，很难远眺周围景色，但在壬子年（1912）时，在吴世昌的家中可以一眼看到矗立在东侧的佛塔。因此吴世昌称自己的家为"塔园花园"。

图中出现的塔在当时被称为"白塔"，指的是位于现在首尔钟路区塔谷公园的圆觉寺址的十层石塔（见图2）。圆觉寺址十层石塔在1946年被复原为现在的模样之前，还没有最上面的三层。因此画中的塔可能不是十层，而是七层。虽然有人主张壬辰倭乱时日军为将塔运至日本而拆毁了塔楼，也有人主张燕山君时从昌德宫向南眺望时会觉得塔身部分特别碍眼，所以拆卸了三层，但这些主张均未有明确证据。

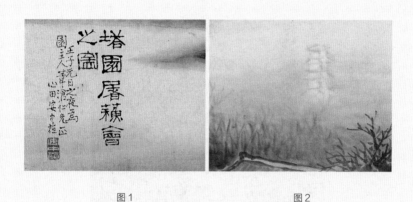

图1   图2

直至 20 世纪 80 年代，塔谷公园一直被称为 "Pagoda 公园"。1896 年前后公园落成时，流传着这是 "白塔" 的英语发音 "Pagtab" 变形词的说法，以及来自佛塔 "Pagoda" 一词的说法。在最初建造的公园里，只有简单的围栏、数十棵树与若干长椅。1910 年以后，朝鲜总督府在这里建造了亭子、花坛、莲花池、步道、电灯、温室等公园设施，并种植了樱花树与常绿树，将其开发成了近代公园。

那么在 1912 年新年第一天晚上，聚集在可以俯瞰白塔的吴世昌家的人是谁呢？楼阁的地板上坐着八个人，他们身着颜色各异的长袍，地上堆放着酒瓶与酒杯（见图 3）。这里当然包括房主人吴世昌与画家安中植。

图 3

吴世昌出身于朝鲜后期的一个译官家庭。他的父亲吴庆锡（1831—1879）是汉语译官，吴世昌在 20 岁的时候走上了与父亲一样的道路。在这样的生活背景下，开港后吴世昌从事过多种近代职业。他作为博文局主事，兼任朝鲜王室出版的报纸《汉城旬报》的记者，在军国机务处、农商工部、通讯院等近代政府机构工作。自然而然地，他站在开化一派的一边，最终与金玉均（1851—1894）一起成为开化派的一员，但 1884 年甲申政变失败后他流亡日本，后来才回国。

比吴世昌年长三岁的安中植为了学习近代文化，于1891年、1899年与1900年在中国上海、日本京都和大阪等地停留时开展绘画事业。回国后的1902年，他担任了为纪念高宗在位40周年而组建的御真图写都监中负责绘制君主肖像画的图写职。

年龄相仿的吴世昌与安中植是莫逆之交。特别是在失去国家的悲伤难以抚平的当时，他们两人与吴世昌的朋友们聚在一起，一起拜年并试图谋划新的事情。遗憾的是，目前还未发现可供推测参加这次聚会的其他人的资料。

所谓"屠苏酒"是什么？

安中植把1912年的这次聚会记录为"屠苏会"。"屠苏"指的是新年第一天饮用的酒。洪锡谟在《东国岁时记》"正月篇"中写道，屠苏酒即中国南北朝时期人们在新年第一天饮用的酒。除《东国岁时记》外，朝鲜时代的许多文献也记载屠苏酒是阴历正月初一日饮用的酒。

但生活在 18 世纪中后期的郑东愈（1744—1808）在《昼永编》一书中写道，屠苏酒不是正月初一日，而是一年的最后一天，即除夕日饮用的酒。同时，郑东愈还反对屠苏源于"屠绝苏醒"的说法，即"屠绝鬼气，苏醒人魂"之意。郑东愈整理古文，认为屠苏乃"平屋"。他主张："《广雅》屠苏平屋也，《通俗文》屋平曰屠苏，《魏略》李胜为河南太守，郡厅事前屠苏坏。杨升庵（即杨慎）历引此诸文，以为屋名之证，仍以孙思邈屠苏酒，方为取庵名以名酒，可谓有据矣。"

郑东愈继续进行论证。他查阅了各种文献，发现屠苏是指"平屋、酒器、冠之有屋"。他的结论是："然则除日饮酒之名，未必起于所居之庵与所着之冠，而多是出于所盛之器也。"但当时几乎没有人接受郑东愈的这种主张。

另外，还有一种说法称屠苏酒因主要药材屠苏而得名。川椒、防风叶、桔梗、蜜柑皮、桂皮等混合在一起就是屠苏，这个配方是由中国神医东汉的华佗或唐朝的孙思邈制成的。

他们饮用屠苏酒的原因是什么？

这些屠苏由来的解释都接近传说，因此很难说聚集到塔园的人饮用的一定是由前文介绍的材料酿造的屠苏酒。很有可能只是把正月初一日饮用的酒都称为屠苏酒。唐朝以后，中国人还相信在阴历正月的第一天必须喝屠苏酒才能驱除一年的邪气，才能健康长寿。

日本人在 13 世纪后也接受了从中国传来的饮用屠苏酒的习俗。直到今天，日本人在新年第一天去神社参拜，也都会喝屠苏酒。据说殖民地时期居住在汉城等城市的日本人中，阳历 1 月 1 日因过度饮用屠苏酒而发生事故的男性不在少数。看到这一情景的朝鲜人的心里肯定不是滋味。日本殖民者不允许朝鲜人过阴历新年，但日本人可以参拜神社、沉醉在屠苏酒中，日本人的木屐之声在当时应该也很响亮。

1919 年 3 月 1 日，朝鲜人在画中白塔所在的塔谷公园朗读了《己未独立宣言》，主导者包括塔园主人吴世昌，但包括他在内的 33 名民族代表在仁寺洞一家名为泰华馆的饭店被日本警察带走，在此事件发生 7 年前的 1912 年新年第一天晚上，吴世昌与安中植及其他 6 人担心沦为殖民地的朝鲜的未来。他们是不是因为担心被日本警察发现，所以像日本人一样饮用屠苏酒呢？

参考文献

前　言

柳僖:《文通》。

金大植:《盛载文化遗产的宝箱〈玻璃原版写真〉》,《记录人》
第 21 号,2012。

金德珍:《大饥馑笼罩朝鲜:我们所未知的 17 世纪的另一段历
史》,蓝色历史,2008。

沈庆昊:《柳僖的文学与学问展现的"求是求真"倾向》,《震
檀学报》第 118 号,2013。

安大会:《18、19 世纪的饮食取向与味觉相关记录:以沈鲁崇
的〈孝田散稿〉与〈南迁日录〉为中心》,《东方学志》第
169 辑,2015。

安大会、李龙哲、郑炳说:《18 世纪的味道:取向的诞生与舌
尖上的人文学》,文学社区,2014。

吴洙彰:《今日的历史学,正祖年间荡平政治与 19 世纪势道政治的三角对话》,《历史批评》第 116 号,2016。

李正守:《16 世纪的禁酒令与俭约令》,《韩国中世史研究》第 14 号,2003。

郑亨芝:《朝鲜时代的饥馑与政府的对策》,《梨花史学研究》第 30 辑,2003。

杰弗里·M. 菲尔彻著,金炳珣译,周永河监修:《牛津美食的历史:27 个主题的饮食研究》,达比,2020。

周永河:《绘画中的食物,食物中的历史》,四季节,2005。

周永河:《朝鲜的美食家们》,Humanist,2019。

周永河:《百年食史:从大韩帝国西式晚餐到 K-food》,Humanist,2020。

第一章 在景福宫勤政殿前庭醉酒跟跄

《朝鲜中宗实录》

李穑:《西邻赵判事以阿刺吉来,名天吉》,《牧隐诗稿》第 33 卷。

金景姬:《回礼宴展现的时代景象反映》,《国乐院论文集》第 14 辑,2002。

宋惠真:《中宗朝赐宴样相展现的奏乐图像分析》,《韩国音乐研究》第 50 辑，2011。

尹轸暎：《朝鲜时代的生活，与风俗画相遇》，五驾车，2015。

李正守：《16 世纪的禁酒令与俭约令》，《韩国中世史研究》第
　　14 号，2003。

郑亨芝：《朝鲜时代的饥馑与政府的对策》，《梨花史学研究》
　　第 30 辑，2003。

周永河：《朝鲜的美食家们》，Humanist，2019。

第二章　耆英会上饮用的热酒

张维：《酒炉铭》，《溪谷集》第 2 卷。

金绥著，金菜植译：《需云杂方》，文坛，2015。

吴旼炷：《朝鲜时代耆老会图研究》，高丽大学研究生院文化遗
　　产学协同课程美术史专业硕士学位论文，2009。

柳玉暻：《朝鲜后期风俗画中酒炉的视觉再现》，《美术史论坛》
　　第 27 号，2008。

尹轸暎：《朝鲜时代的生活，与风俗画相遇》，五驾车，2015。

周永河：《三亥酒（药酒）：首尔特别市非物质文化遗产第 8
　　号》，首尔特别市，2020。

崔卿贤：《朝鲜时代耆英会图之一例：国立中央博物馆琉璃件
　　版本〈宣祖朝耆英会图〉》，《美术史研究》第 40 号，2021。

崔智姬、洪那英:《〈耆英会图〉中的 16 世纪服饰研究:以男性服饰为中心》,《服饰》第 53 卷第 3 号,2003。

第三章　男性宫廷厨师参加 102 岁老夫人庆寿宴的原因

《朝鲜宣祖实录》

李裕元:《庆寿宴》,《林下笔记》第 32 卷。

李瀷:《庆寿宴图序》,《星湖全集》第 51 卷。

许穆:《庆寿宴图记》,《记言》第 12 卷。

高丽大学民族文化研究所:《韩国民俗大观 1-2》,高丽大学出版部,1980。

金尚宝:《朝鲜王朝宫中仪轨饮食文化》,修学社,1995。

金尚宝:《朝鲜王室的丰呈燕享》,民俗苑,2016。

朴廷蕙:《朝鲜时代宜宁南氏家传画帖》,《美术史研究》第 2 卷,1988。

尹轸暎:《朝鲜时代的生活,与风俗画相遇》,五驾车,2015。

第四章　抵达朝鲜的清朝使臣,生生醉倒在七杯酒之下

《承政院日记》

朴钟勋:《清使臣阿克敦的朝鲜认识:与〈奉使图〉相联系》,《温知论丛》第 31 辑,2012。

朴钟勋:《清代文人们的朝鲜认识:以阿克敦的〈东游集〉与〈奉使图〉的序跋文为中心》,《东亚文化研究》第 53 辑, 2013。

史真实:《公演文化的传统》,2002。

王仁湘著,周永河译:《中国饮食文化史》,民音社,2010。

郑恩主:《阿克敦〈奉使图〉研究》,《美术史学研究》第 247 号,2005。

周永河:《朝鲜的美食家们》,Humanist,2019。

黄有福:《清阿克敦〈奉使图〉初探》,《亚细亚文化研究》第 3 辑,1999。

黄有福:《〈奉使图〉成书始末》,《亚细亚文化研究》第 4 辑, 2000。

第五章　朝鲜时代,在宫中挤牛奶

姜宽植:《观我斋赵荣祏画学考 上》,《美术资料》第 44 号, 1989。

高庆姬:《朝鲜时代韩国风俗画中出现的食生活文化研究》,《韩国食生活文化学会志》第 18 卷第 3 号,2003。

金绥著,金菜植译:《需云杂方》,文坛,2015。

金澔:《李圭景的医学论与身体观》,《窥探 19 世纪朝鲜生活与思维的变化》，石枕出版社，2005。

马文·哈里斯著，徐镇英译:《饮食文化的谜团》，韩吉社，
　　2018。

俞弘浚:《观我斋赵荣祐:士人精神与事实精神的相遇》,《历
　　史批评》通卷 22 号, 1993。

尹轸暎:《朝鲜时代的生活, 与风俗画相遇》, 五驾车, 2015。

李垠河:《观我斋赵荣祐的生涯与绘画研究》, 高丽大学研究生
　　院文化遗产学专业硕士学位论文, 2003。

李垠河:《观我斋赵荣祐的绘画研究》,《美术史学研究》第
　　245 号, 2005。

赵荣祐著, 韩国精神文化研究院资料调查室:《观我斋稿》, 韩
　　国精神文化研究院, 1984。

周永河:《长寿英祖的食生活》, 韩国学中央研究院出版部,
　　2014。

蔡惠盛:《观我斋赵荣祐的风俗画研究》, 淑明女子大学研究生
　　院韩国史专业硕士学位论文, 2005。

汉纳·韦尔滕著, 姜京伊译, 周永河监修:《牛奶的世界
　　史》(中文版译为《头号饮料: 牛奶小史》), Humanist,
　　2012。

第六章　成婚 60 年乃大喜之事!

柳重临:《治膳》,《增补山林经济》。

丁若镛:《回卺宴寿樽铭》,《茶山诗文集》第 12 卷。

高庆姬:《18 世纪朝鲜时代花甲宴与回婚礼中出现的食生活文化研究》,《韩国食生活文化学会志》第 18 卷第 6 号,2003。

高丽大学民族文化研究所:《韩国民俗大观 1-2》,高丽大学出版部,1980。

朴廷蕙:《弘益大学博物馆藏品〈回婚礼图屏〉》,《美术史研究》第 6 卷,1992。

尹轸暎:《朝鲜时代的生活,与风俗画相遇》,五驾车,2015。

李光奎:《韩国人的一生》,萤雪出版社,1985。

赵京儿:《从图画读到的朝鲜时代舞蹈文化 3:私人空间的舞蹈画作》,《舞踊历史记录学》第 62 号,2021。

洪善杓:《朝鲜末期平生图的婚礼意象》,《美术史论坛》通卷 47 号,2018。

第七章　打稻声中，饶有乐趣

文化公报部文化遗产管理局编:《韩国的农具》,文化公报部文化遗产管理局,1969。

吴柱锡:《檀园金弘道：朝鲜式的，过于朝鲜式的画家》，悦话堂，2004。

李京和:《姜世晃研究》，首尔大学研究生院考古美术史学系美术史专业博士学位论文，2016。

李玟宰:《脱谷农具打稻机的社会史：从改良到复古》，《实践民俗学研究》第 38 号，2021。

李仲熙:《〈檀园风俗画册〉真伪问题研究》，《东方艺术》第 21 号，2013。

李泰浩:《必须严格"檀园风格"的标准》，《月刊美术》第 8 卷第 2 号，1996。

郑恩赈:《姜世晃的〈檀园记〉及〈游金刚山记〉分析：士大夫文人与闾巷画家的交游关系的意义》，成均馆大学研究生院汉文学专业硕士学位论文，1998。

周永河:《饮食战争，文化战争》，四季节，2000。

沈庆昊:《朝鲜后期绘画与文学》，堤川市厅讲义录，www.jecheon.go.kr。

第八章　辛苦锄禾之余，来一顿丰盛的加餐吧

柳基善:《农业生产与交换》，《一山人的生活与文化：历史民俗调查报告》，韩国先史文化研究所，1992。

吴柱锡:《檀园金弘道：朝鲜式的，过于朝鲜式的画家》，悦话
堂，2004。

李京和:《我们的时代风俗画：姜世晃的批评活动与金弘道的
行列风俗画》，《美术史与视觉文化》第 15 号，2015。

周永河:《生产民俗》，《高阳市民俗大观 1》，高阳文化院，
2002。

周永河:《餐桌上的韩国史：从菜单看 20 世纪韩国的饮食文化
史》，Humanist，2013。

陈准铉:《散落成屏扇的金弘道的风俗图屏风研究》，《文献与
解释》通卷 53 号，2010。

第九章　坐在路旁饮下一杯酒，回忆使道

吴柱锡:《檀园金弘道：朝鲜式的，过于朝鲜式的画家》，悦话
堂，2004。

李树健:《朝鲜时代地方行政史》，民音社，1989。

李勋相:《朝鲜后期邑治中公共仪礼的多层性与乡吏主持的仲
裁祭仪》，《星谷论丛》第 32 辑上卷，2001。

全循义著，韩福丽译:《温故知新的山家要录》，宫中饮食研究
院，2011。

周永河:《筹办酒席：朝鲜半岛的酒历史与文化》，《酒，以故

事酿造》，韩国国立无形遗产院，2015。

陈准铉:《檀园金弘道研究》，首尔大学研究生院考古美术史学
　　系美术史专业博士学位论文，1998。

村山智顺:《朝鲜場市の研究》，国书刊行会，1999。

第十章　鲻鱼登上渔夫的午餐桌

朴秀姬:《朝鲜后期开城金氏画员研究》，首尔大学研究生院美
　　术史专业硕士学位论文，2005。

朴秀姬:《朝鲜后期开城金氏画员研究》，《美术史学研究》第
　　256 号，2007。

凭虚阁李氏:《闺阁丛书》，韩国精神文化研究院，2001。

夏尔·达雷（Claude-Charles Dallet）著，安应烈、崔奭佑注
　　释:《韩国天主教会史》，分道出版社，1979。

宋泰沅:《兢斋金得臣的绘画研究》，弘益大学研究生院美术史
　　专业硕士学位论文，1990。

永昌书馆编辑部编:《增补朝鲜无双新式料理制法》，永昌书
　　馆，1936。

柳重临著，农村振兴厅编:《增补山林经济》，农村振兴厅，
　　2003。

周永河:《生产民俗》，《高阳市民俗大观 1》，高阳文化院，

2002。

周永河:《饮食人文学:从饮食看韩国历史与文化》,
Humanist,2011。

第十一章　举行惠庆宫花甲宴,祈愿长寿

金尚宝:《韩国的饮食生活文化史》,光文阁,1997。

金千兴:《呈才舞图笏记唱词谱》,民俗院,2002。

朴廷蕙:《朝鲜时代宫廷记录画研究》,一志社,2000。

宋惠真:《惠庆宫洪氏的花甲宴:"奉寿堂进馔"的公演史意
义》,《韩国语与文化》第 7 辑,2010。

刘宰宾:《〈园幸乙卯整理仪轨〉图式,经绘画流传的效果与战
略》,《奎章阁》第 52 辑,2018。

正祖命纂,金文植译解:《园幸乙卯整理仪轨:为思悼世子复
权的 1795 年特别活动》,Acanet 出版社,2020。

韩永愚:《依班次图而行的正祖的华城出巡》,HyoHyung 出版,
2007。

第十二章　松弛的禁酒令,被频繁造访的酒肆

柳晚恭:《岁时风谣》。

姜明官:《朝鲜之人:走出蕙园的画作之外》,蓝色历史,

2001。

金娜延:《申润福的风俗画研究: 以〈蕙园传神帖〉为中心》,
　　梨花女子大学研究生院美术史专业硕士学位论文, 2001。

金贤美:《〈蕙园传神帖〉展现的"两班形象"分析: 以与贱籍
　　女性的关系为中心》, 梨花女子大学研究生院国际学院韩国
　　学专业硕士学位论文, 2009。

朴昭英:《朝鲜时代禁酒令的法制化过程与实施情况》, 全北大
　　学研究生院史学专业硕士学位论文, 2010。

朴昭英:《朝鲜时代禁酒令的法制化过程与实施情况》,《全北
　　史学》第 42 号, 2013。

申善暎:《日帝强占期申润福风俗画的兴起与再评价》,《美术
　　史学研究》第 301 号, 2019。

申润福作, 崔完秀解题:《蕙园传神帖》, 探求堂, 1974。

柳喜卿:《韩国服饰史研究》, 梨花女子大学出版文化院,
　　2002。

李源福:《蕙园申润福的画境》,《美术史研究》第 11 号,
　　1997。

赵孝顺:《朝鲜朝风俗画中出现的女子基本服饰研究 1: 以裙
　　子、短袄为中心》,《韩服文化》1-2, 1998。

周永河:《餐桌上的韩国史: 从菜单看 20 世纪韩国的饮食文化
　　史》, Humanist, 2013。

第十三章　贩卖海鲜与蔬菜的妇女

俞汉隽：《题俗画八幅》，《自著》。

李德懋：《耳目口心书》，《青庄馆全书》第 52 卷。

高东焕：《朝鲜时代市廛商业研究》，知识产业社，2013。

首尔历史编纂院：《朝鲜后期首都商业空间与参与层》，首尔历史编纂院，2021。

李敬泽：《首尔城市景观形成与变化的动因研究》，高丽大学研究生院地理学专业博士学位论文，2012。

郑炳模：《金弘道的〈卖醢婆行〉与女性风俗》，《女性、工作、美术：韩国美术中出现的女性劳动》，西江出版社，2006。

郑恩赈：《豹庵姜世晃的书画题跋研究》，《大东汉文学》第 27 辑，2007。

郑恩赈：《18 世纪俗画相关题跋展现的通俗性研究》，《汉文学论集》第 39 辑，2014。

第十四章　孝明世子策划的纯祖 40 岁生辰宴

《景贤堂受爵时叠录》

《己丑进馔仪轨》

《乙酉受爵仪轨》

周永河：《朝鲜的美食家们》，Humanist，2019。

第十五章　石首鱼大丰收，不禁耸肩起舞

《承政院日记》

姜宽植:《〈檀园风俗图帖〉的作家批正与意义解析的样式史再探讨》,《美术史学报》第 39 辑,2012。

申善暎:《开港期"金弘道风俗画"的模仿与扩散》,《美术史学研究》第 283—284 号,2014。

吴柱锡:《檀园金弘道:朝鲜式的,过于朝鲜式的画家》,悦话堂,2004。

李泰元:《寻找兹山鱼谱 3》,Chungaram Media,2002。

丁若铨著,权经淳、金光年译:《兹山鱼谱》,The Story,2021。

朱刚玄:《与黄鱼相关的冥想》,韩民族新闻社,1998。

周永河:《生产民俗》,《高阳市民俗大观 1》,高阳文化院,2002。

周永河:《话说商人 100 年:蟑螂们的再挑战》,《以泥土编写的故事 10 号》,Yolimwom 出版社,2003。

周永河:《饮食人文学:从饮食看韩国历史与文化》,Humanist,2011。

海洋水产部:《滩涂上的渔民生活与捕捞活动》,海洋水产部,2021。

第十六章　炭烤牛肉配一杯酒，"野宴"之喜悦

《戊辰进馔仪轨》

徐有榘:《雍熙杂志》。

柳得恭:《京都杂志》。

许筠:《屠门大嚼》。

洪锡谟:《东国岁时记》。

姜明官:《朝鲜风俗史 2:朝鲜之人，以风俗留存》，蓝色历史，
　　2010。

申善暎:《开港期"金弘道风俗画"的模仿与扩散》，《美术史
　　学研究》第 283—284 号，2014。

柳喜卿:《韩国服饰史研究》，梨花女子大学出版文化院，
　　2002。

周永河:《朝鲜的美食家们》，Humanist，2019。

韩食财团:《画幅中的韩食:朝鲜时代风俗画中的韩国饮食》，
　　翰林出版社，2015。

第十七章　日本使臣向东莱府使献上"胜歌妓"

《增正交邻志》

沈鲁崇:《南迁日录》。

李学逵:《洛下生稿》。

金东哲:《朝鲜后期倭馆开市贸易与东莱商人》,《民族文化》第 21 辑,1998。

田代和生著,郑成一译:《倭馆:朝鲜为何关押日本人?》,论衡,2005。

白源铁:《洛下生李学逵的生涯与文学》,《韩国汉文学研究》第 6 卷,1982。

釜山博物馆:《草梁倭馆:因交邻之视线而孱弱》,釜山博物馆,2017。

安大会:《18、19 世纪的饮食取向与味觉相关记录:以沈鲁崇的〈孝田散稿〉与〈南迁日录〉为中心》,《东方学志》第 169 辑,2015。

刘颂玉、朴锦珠:《东莱府使接倭使图屏中出现的地方官衙的服饰》,《人文科学》第 22 辑,1992。

李进熙:《关于描绘釜山浦的朝鲜王朝时代的画作》,《崔永禧先生花甲纪念韩国史学论丛》,探求堂,1987。

崔永禧:《郑敾的东莱府接倭使图》,《考古美术》第 129、130 号,1976。

河宇凤:《〈增正交邻志〉的史料性质》,《民族文化》第 21 辑,1998。

许芝银:《对马岛朝鲜语通词小田几五郎的生涯与对外认识:以〈通译酬酢〉为中心》,《东北亚历史论丛》第 30 号,

2010。

小田几五郎、田代和生编著:《通译酬酢》,ゆまに书房,
　　2017。

雨森芳洲:《裁判记录》。

第十八章　天下虽乱,仍以酒盏与饴糖梦想太平盛世

金相烨:《蕙山画帖》,《东方古典研究》第 24 号,2006。

李盛鲁等:《蕙山刘淑（1827—1873）〈大快图〉中的跆跟解
　　读》,《韩国体育科学会志》第 24 卷第 6 号,2015。

柳玉暻:《蕙山刘淑（1827—1873）的绘画研究》,梨花女子
　　大学研究生院美术史专业硕士学位论文,1995。

柳玉暻:《对蕙山刘淑（1827—1873）的考察:以生涯及中
　　人同僚的交游关系为中心》,《历史文化研究》第 12 辑,
　　2000。

尹轸暎:《朝鲜时代的生活,与风俗画相遇》,五驾车,2015。

李盛雨:《韩国食品文化史》,教文社,1984。

周永河:《朝鲜的美食家们》,Humanist,2019。

陈准铉:《得以品味韩国风俗画的美丽与多样性的机会》,《文
　　化艺术》2002 年 5 月号,2002。

韩熙顺、黄慧性、李惠卿:《李朝宫廷料理通考》,学丛社,

1957。

许仁旭:《在古画中邂逅的韩国武艺风俗史》,蓝色历史,
　　2005。

第十九章　餐桌上的西餐讲述的故事

《大韩礼典》

《汉城旬报》

穆麟德夫人著,高柄翊译:《穆麟德的随记》,《震檀学报》第
　　24号,1963。

瓦尔特·莱弗编:《过渡期的学者兼政治家:穆麟德》,《穆麟
　　德》,正民社,1983。

白圣铉、李韩祐:《蓝色眼睛中的白色朝鲜》,新日,1999。

夏尔路易巴拉·夏隆著,成归洙译:《朝鲜纪行:百余年前访
　　问过朝鲜的两位外国人的旅行记》,眼神,2001。

李龟烈:《韩国近代绘画选集:韩国画1·安中植》,金星出版
　　社,1990。

李丁希:《开港期近代宫廷宴会的成立与公演文化史的意义》,
　　首尔大学研究生院协同课程韩国音乐学专业博士学位论文,
　　2010。

张智铉:《韩国外来酒流入史研究》,修学社,1987。

周永河:《餐桌上的近代:以 1883 年朝日通商交易记念宴会图
　　为例》,《社会与历史》通卷 66 号, 2004。

周永河:《韩国人为何如此用餐:从饮食方式看韩国的饮食文
　　化史》, Humanist, 2018。

珀西瓦尔·洛威尔著, 赵景彻译:《我记忆中的朝鲜、朝鲜
　　人》, 艺谈出版社, 2001。

黑塞 – 巴特克, 金荣子编译:《汉城, 第二故乡:欧洲人眼中
　　的 100 年前的汉城》, 首尔学研究所, 1994。

第二十章　人爬上面榨机的缘由

Junker, Heinrich, *KI-SAN Alte Koreanische Bilder: Landschaften
　　und Volksleben*, VEB Otto Harrassowitz, 1958.

韩国国立民俗博物馆:《从箕山风俗画中寻找民俗:特别展学
　　术大会资料集》, 韩国国立民俗博物馆, 2020。

韩国国立民俗博物馆:《从箕山风俗画中寻找民俗》, 韩国国立
　　民俗博物馆, 2020。

徐有榘著, 林园经济研究所译:《林园经济志:赡用志》, 枫石
　　文化财团, 2016。

徐有榘著, 林园经济研究所译:《林园经济志:鼎俎志 1》, 枫
　　石文化财团, 2020。

申善暎：《箕山金俊根绘画研究》，韩国学中央研究院韩国学研究生院美术史学专业博士学位论文，2012。

张智铉：《韩国传来面类饮食史研究》，修学社，1994。

丁若镛著，金钟权译注：《雅言觉非》，一志社，1976。

朝鲜科学百科事典出版社、韩国和平问题研究所：《朝鲜乡土大百科：12 咸镜南道》，和平问题研究所，2003。

赵兴胤、格诺特·普鲁纳，《箕山风俗图帖》，泛洋社，1984。

周永河：《朝鲜的美食家们》，Humanist，2019。

周永河：《百年食史：从大韩帝国的西式晚餐到 K-food》，Humanist，2020。

池明熙（音译）、金益川（音译）：《我们的民族料理》，劳动团体出版社，2008。

海因里希·容克编，李永石译：《箕山，韩国的古画：风景与民俗》，民俗院，2003。

第二十一章　进门的新媳妇获得“大宴床”

尹瑞石：《饮食生活的传统样式》，《传统生活方式的研究》中册，韩国精神文化研究院，1982。

李光奎：《韩国人的一生》，萤雪出版社，1985。

张哲秀：《传统冠婚丧祭的研究》，《韩国的社会与文化》第 2

辑，韩国精神文化研究院，1980。

周永河等:《两种风格的韩国婚礼：传统与现代的二重奏》，韩国学中央研究院出版部，2021。

第二十二章 新年第一天失去国家之人饮用的"屠苏"酒

安轴:《谨斋集》。

郑东愈:《昼永编》。

《东亚日报》1922 年 1 月 2 日，第 3 版。

金三雄:《33 人的约定：首次公开的 33 人的审判记录及其之后的故事》，山河，1997。

李昇妍:《苇沧吴世昌》，二会文化社，2000。

周永河:《〈昼永编〉展现的郑东愈的当代民俗认识》，《震檀学报》第 110 号，2010。

图书在版编目 (CIP) 数据

绘画中的朝鲜饮食史 / (韩) 周永河著；丁晨楠，
叶梦怡译. -- 北京：社会科学文献出版社, 2024.5
ISBN 978-7-5228-2171-9

Ⅰ. ①绘… Ⅱ. ①周… ②丁… ③叶… Ⅲ. ①饮食 -
文化史 - 韩国 - 图集 Ⅳ. ①TS971.203.126-64

中国国家版本馆CIP数据核字（2023）第136939号

绘画中的朝鲜饮食史

著　　者 / 〔韩〕周永河
译　　者 / 丁晨楠　叶梦怡

出 版 人 / 冀祥德
责任编辑 / 赵　晨
责任印制 / 王京美

出　　版 / 社会科学文献出版社·历史学分社（010）59367256
　　　　　　地址：北京市北三环中路甲29号院华龙大厦　邮编：100029
　　　　　　网址：www.ssap.com.cn
发　　行 / 社会科学文献出版社（010）59367028
印　　装 / 北京盛通印刷股份有限公司

规　　格 / 开　本：787mm×1092mm　1/16
　　　　　　印　张：19.5　字　数：165 千字
版　　次 / 2024年5月第1版　2024年5月第1次印刷
书　　号 / ISBN 978-7-5228-2171-9
著作权合同
登 记 号 / 图字01-2023-5456号
定　　价 / 78.00元

读者服务电话：4008918866